公共建筑空间设计

SPACE DESIGN OF PUBLIC BUILDINGS

主　编　邹志兵　张伟孝
副主编　朱　贤　林乃锋
　　　　吴　叶　朱必丞

北京理工大学出版社
BEIJING INSTITUTE OF TECHNOLOGY PRESS

内 容 提 要

"公共建筑空间设计"是环境艺术设计、建筑室内设计专业的核心课程，也是集艺术与技术于一体的综合性课程。本书共分为公共建筑空间设计概述、公共建筑空间设计方法与程序、公共建筑空间设计施工图制图规范、公共建筑空间设计防火规范、公共建筑空间专项设计五个模块，以任务为驱动、以情景教学为手段进行设计，融"教、学、做"为一体。此外，每个模块还设计了合理、实用的练习题，用以锻炼学生的设计思维和能力，符合现代职业教育的发展趋势。本书既有理论指导性，又有设计针对性；既能启发和培养相关专业学生的思维意识和创新能力，又能为设计从业人员带来不同角度的启发和设计灵感。

本书可供高等院校环境艺术设计、建筑室内设计、建筑装饰工程技术等专业的师生使用，也可供设计领域的从业人员使用，还可供成人教育、广大艺术设计爱好者参考。

图书在版编目（CIP）数据

公共建筑空间设计 / 邹志兵，张伟孝主编 .-- 北京：北京理工大学出版社，2023.4

ISBN 978-7-5763-1967-5

Ⅰ. ①公… Ⅱ. ①邹… ②张… Ⅲ. ①公共建筑－空间设计－高等学校－教材 Ⅳ. ① TU242

中国版本图书馆 CIP 数据核字（2022）第 258697 号

出版发行 / 北京理工大学出版社有限责任公司
社　　址 / 北京市海淀区中关村南大街5号
邮　　编 / 100081
电　　话 /（010）68914775（总编室）
（010）82562903（教材售后服务热线）
（010）68944723（其他图书服务热线）
网　　址 / http: //www.bitpress.com.cn
经　　销 / 全国各地新华书店
印　　刷 / 河北鑫彩博图印刷有限公司
开　　本 / 889毫米×1194毫米　1/16
印　　张 / 9
字　　数 / 256千字
版　　次 / 2023年4月第1版　2023年4月第1次印刷
定　　价 / 89.00元

责任编辑 / 钟　博
文案编辑 / 钟　博
责任校对 / 刘亚男
责任印制 / 王美丽

PREFACE  

前言

艺术在人类文明的知识体系中与科学并驾齐驱，具有不可替代的完全独立的学科系统。建筑空间设计是建立在思维空间概念基础上的艺术门类，作为现代艺术设计中的综合门类，其包含的内容远远超出了传统的概念。

公共领域（Public Sphere）是近年来许多国家学术界常用的概念，这一概念源于德语“Offentlichkeit”（开放、公开）一词。它根据具体的语境又被译为“The Public”（公众）。这种具有开放和公共特质的，由公众自由参与和认同的公共性空间称为公共空间（Public Space）。

公共建筑空间设计是类型最为繁多、内容最为丰富、施工构造最为复杂、材料科技最为现代化、设计思维最为活跃的学科。它直接涉及人的生存环境、心理空间和艺术氛围。因此，对环境艺术设计、建筑室内设计专业的学生来说，它也是一门难度较大的主干课程。作为一个相对复杂的设计系统，它本身具有科学、艺术、功能、审美等多元化要素。公共建筑空间设计在理论体系与设计实践中涉及相当多的技术与艺术门类，因此在设计过程中必须遵循严格的科学程序。在空间设计实践中要严格遵循程序、标准及规范，必须在公共建筑空间设计教育中贯穿设计系统全概念。

本书以公共建筑空间设计过程为主线，以设计师岗位工作内容为依据，结合编者多年的教学经验和项目设计实践经验，针对公共建筑空间设计的知识点进行了系统化的梳理、解构和重组，全面、系统地阐述了公共建筑空间设计的概念、内容、方法、规范和应用，以全新的编排逻辑将新颖的空间设计内容通过图文并茂的形式呈现给读者。本书适用于普通高等教育、职业本科、高职高专等相关专业，不仅关注学生掌握公共建筑空间设计的能力，更注重学生创新意识的建立。本书编写的初衷是培养有创造力和创新力的新一代专业化设计师，重点培养他们践行社会主义核心价值观、德智体美劳全面发展的能力，使他们具有一定的科学文化水平，以及良好的人文素养、科学素养、职业道德和精益求精的工匠精神；掌握基础理论知识和技术技能，具备研发设计、技术实践能力；能够从事科技成果、实验成果转化工作，解决复杂的问题，进行复杂的操作；具有一定的创新创业能力，具有较强的就业能力和可持续发展能力。

本书由浙江广厦建设职业技术大学联合多个职业院校及相关设计企业合作编写。浙江广厦建设职业技术大学邹志兵负责整本书的统筹、写作框架及模块五的编写，张伟孝负责模块一、模块二的编写，吴叶负责模块三的编写，朱贤负责模块四的编写，书中的案例及实训任务由华越设计集团等企业设计人员林乃锋、朱必丞、周斌、郑海良提供支持。另外，广州番禺职业技术学院邸锐、重庆建筑工程职业学院高露、温州职业技术学院虞甜甜参与了教材的设计及资料整理工作。书中部分图片来源于网络，有些图片未能找到确切出处，在此对相关作者一并表示诚挚的谢意。

本书是编者多年来对公共建筑空间设计的思考和探索。在本书的编写过程中，编者借鉴了国内外前辈、同行的资料和优秀作品，在此一并表示衷心的感谢！由于编者学识有限，书中疏漏之处在所难免，恳请广大读者不吝指正。

编　者

目录 CONTENTS

MODULE ONE

公共建筑空间设计概述

教学目标

1. 知识目标

（1）了解公共建筑的概念。

（2）掌握公共建筑空间的类型及功能空间的构成。

2. 能力目标

（1）能运用基础知识和基本理论对公共建筑空间进行设计分析和创新。

（2）能合理运用设计原则及法则。

3. 素质目标

树立良好的价值观与文化观，培养良好的人文素养、科学素养、职业道德和精益求精的工匠精神。

教学内容

（1）公共建筑空间设计的概念。

（2）公共建筑空间设计的作用及构成。

（3）公共建筑空间设计的内容及分类。

（4）公共建筑空间设计的原则及法则。

教学重点

（1）公共建筑空间设计的分类及设计原则。

（2）公共建筑功能空间设计的构成。

思维导图

老子曰："埏埴以为器，当其无，有器之用。凿户牖以为室，当其无，有室之用。故有之以为利，无之以为用。"和泥制作陶器，有了器具中空的地方，才有器皿的作用。开凿门窗建造房屋，有了门窗四壁内的空虚部分，才有房屋的作用。所以，"有"给人便利，"无"发挥了它的作用。老子形象而又生动地阐述了空间的实与虚、存在与使用之间辩证而又统一的关系。建筑是构成室内空间的本体，公共建筑空间设计研究的就是对空间的设计，其作用是在有限的空间环境及物质条件下发挥其实用性与经济性，满足人们精神与心理的需求。

单元一 公共建筑空间设计的概念

所谓建筑空间设计，是指以美化建筑空间为目的的建筑空间艺术。公共建筑空间设计是一项综合性很强的工作，需要改善建筑室内外环境的物质条件，提高物质生活水平，同时需要提升室内外环境的精神品质，从而满足人们的心理需求。创造舒适生活是其主要目标，符合实用、经济、美感三大原则是其目的。公共建筑空间设计是以人性为出发点，去创造一个让精神文明与物质文明更和谐、生活更有效率、更能增进情感的生活环境。

空间是物质存在的客观形式，由长、宽、高等量度和范围表现出来，是物质存在广延性和扩张性的表现。公共空间的概念应该来自其本身特有的人文环境形态。在这个环境里，不仅应满足人的自我需求，还应满足人与人的交往对环境提出的各种要求。公共空间又称为公共领域，是介于私人领域与公共权威之间的非官方区域，是各种公共聚会场所的总称。建筑是公共空间的具体体现，公共建筑空间就是社会化的行为场所，可以最大限度地满足不同人的不同需求（图 1-1）。

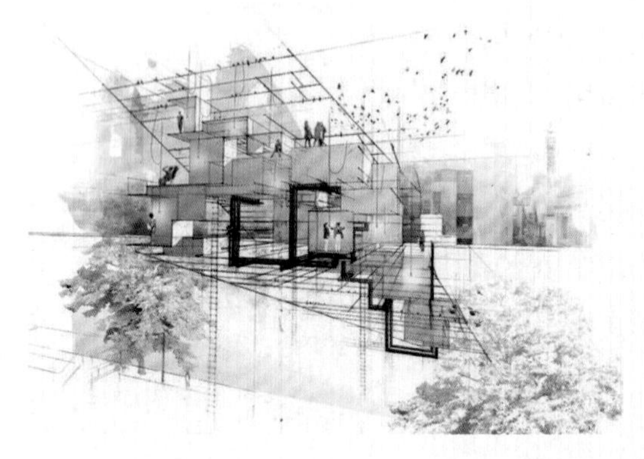
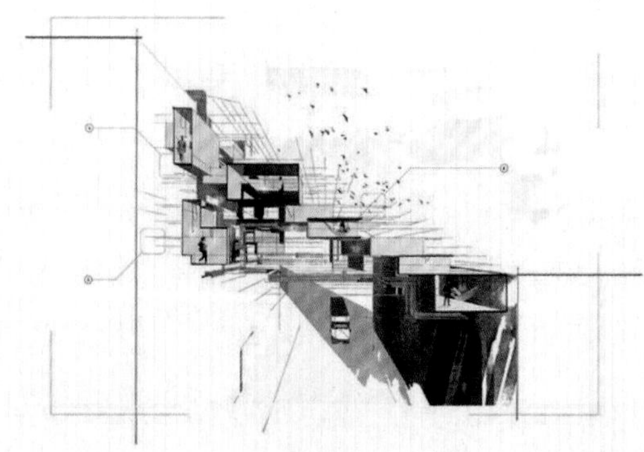

图 1-1 空间的概念

公共建筑空间设计是以其空间性为主要特征，根据建筑物的使用性质、所处环境和相应标准，运用现代物质技术手段和建筑美学原理，创造出功能合理、舒适美观、满足人民物质与精神生活需求的空间环境的一门实用艺术。它既满足了相应的使用功能的要求，也反映了历史底蕴、建筑风格、环境氛围等精神因素；既是建筑设计的有机组成部分，同时又是对建筑空间进行的第二次设计。它还是建筑设计在微观层次的深化与延伸，充分体现了现代空间环境设计的艺术生命力。公共建筑空间设计在空间中营造良好的人与人、人与空间、人与物、物与物之间的氛围。表达设计的心理及生理的平衡与满足，是人类生活中重要的设计活动之一。人们把公共建筑空间设计的概念归纳为以下几个方面（图 1-2）。

（1）公共建筑空间设计既不是单纯的艺术，也不是单纯的技术，而是艺术与科学技术的结合体。

（2）公共建筑空间设计包括建筑室内外环境的创造。其造型要素包括空间、色彩、光影和材质等。

（3）公共建筑空间设计贯穿建筑整体环境的设计和建筑的全过程，而不是与建筑主体分离的事后附加和点缀。

（4）公共建筑空间设计受到社会制度、生活方式、文化、风俗习惯、宗教信仰、经济条件，以及气候和地理位置等多种因素的影响与制约。

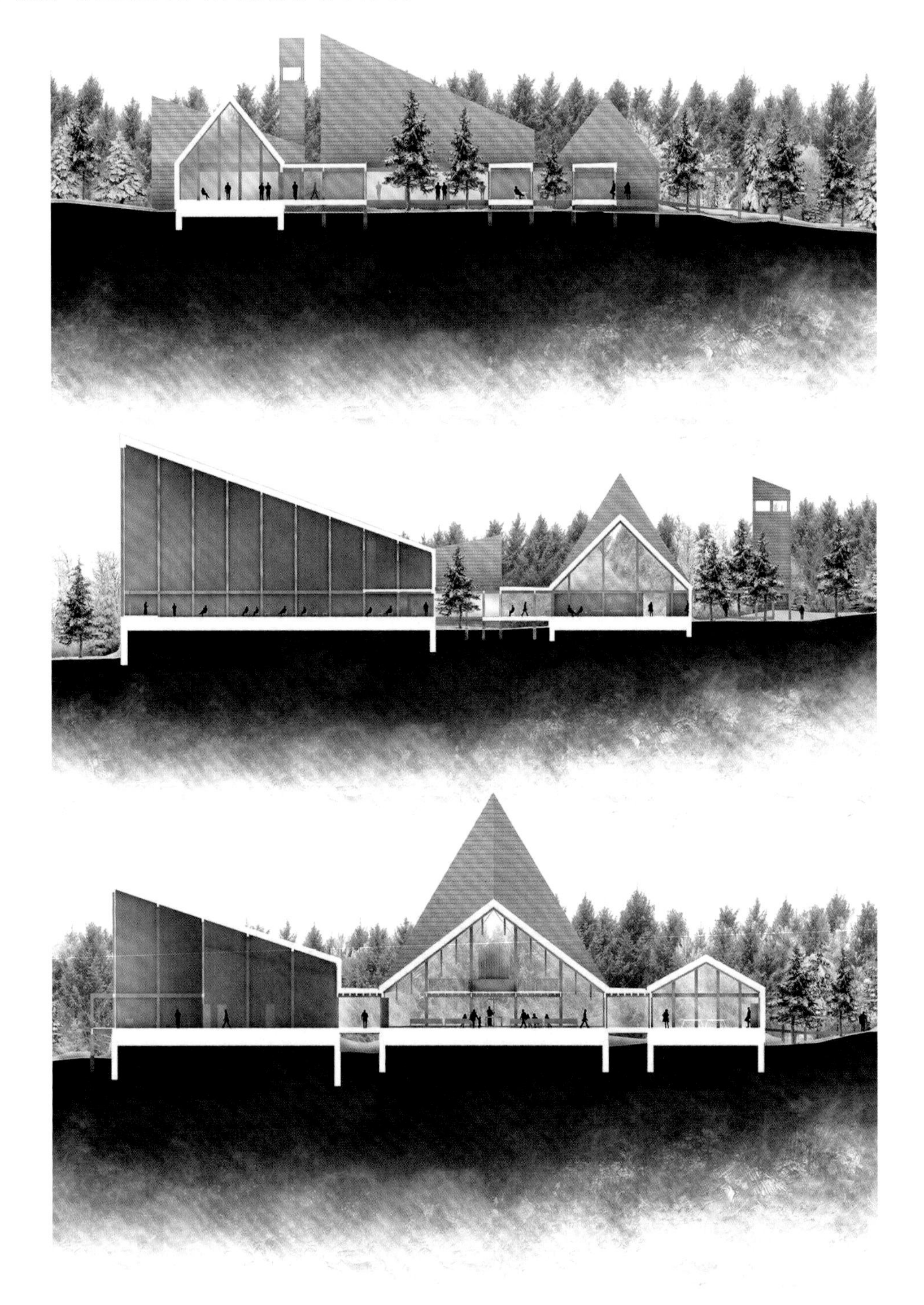

图 1-2　公共建筑空间

单元二 公共建筑空间设计的作用及构成

公共建筑空间设计的中心议题是如何将建筑室内外空间进行艺术的、综合的、统一的设计，提升室内整体空间环境的形象，满足人们的生理及心理需求，更好地为人类的生活、生产和活动服务创造出新的、现代化的生活理念。

一、设计的依据

设计是空间环境建设中的一个重要环节，必须事先对所在建筑物的功能特点、设计意图、结构构成等情况进行充分掌握。在进行公共建筑空间设计的过程中，应通过以下四个主要依据来总体把握设计对象。

（1）建筑物和室内外空间的功能是什么?

（2）建筑物和室内外空间的环境状况如何?

（3）建筑室内外空间如何创造美?

（4）建筑室内外空间工程投资造价是多少?

二、设计的作用

设计的功能包括建筑空间设计的使用功能和建筑空间设计的精神功能。运用现代设计原理进行实用、美观的设计，使空间更加符合人性的生理需求和心理需求。一般认为，公共建筑空间设计有以下几个方面的作用。

（1）提高空间造型的艺术性，满足人们的审美需求。

（2）综合应用各种知识体系，提高建筑综合性能。

（3）协调好“建筑—人—空间”三者的关系（图 1-3）。

（4）把握人体工程学及环境心理学在公共建筑空间设计中的应用。

图 1-3 建筑—人—空间

三、设计的构成

建筑是由不同的室内空间构成的，空间因建筑而形成。从几何学的观点看，一切空间都由点、线、面组成。点、线、面作为几何要素是有形的，它的空间构成方式基本上是由点、线、面、体构成的（图 1-4）。

1. 点构成

点是艺术设计中最基本的元素，是相对集中的立体构成空间形式。它给人以活泼、轻快和运动的感觉特征。对于相对小的形体，点的形象可以是任意的。

在点空间构成中，点的大小不允许超过一定的相对限度，否则就会失去自身的性质。要处理好它们之间的大小、距离和疏密、均衡关系。

2. 线构成

线比点的表现力更强、更丰富，线无论曲、直、粗、细，与体块相比，它给人的感觉都是轻快的。线的构成是通过线的排列、组合所形成的空间形式。在线的构成中，起主要作用的因素是线的长短、粗细和方向。

3. 面构成

面构成是用面限定空间的形式，它可分为平面空间和曲面空间两类。由于面体的形态可以有无数种，所以面体可以构成各种各样的空间形态，用它可以创造出表达各种意境、形式、功能的空间。

面给人一种向周围扩散的力感称作张力感，这也是由它具有的薄与幅面的特征所决定的。要着重研究、处理好这几个方面的问题：面体与面体的大小比例关系、放置方向、相互位置、距离和疏密等。

4. 体构成

体构成是用具备三次元（长、宽、高）条件的实体限定空间的形式。体块不像线体和面体那样轻巧、锐利和有张力感，但它充实、稳重、结实、有分量，并能在一定程度上抵抗外界施加的力量，如冲击力、压力、拉力等。

图 1-4　几何空间构成

单元三 公共建筑空间设计的内容及分类

一、公共建筑空间设计的内容

公共建筑空间设计是一门综合性学科，是文化艺术和现代科技的综合产物。其目的是让室内空间设计充满感情色彩，使室内空间能够满足人们的需求，主要涉及界面空间的形状、尺寸，室内声光电的物理环境等空间客观环境因素，包括光环境、色彩、声环境与材料等的设计。对于设计人员来说，不仅要掌握室内环境的诸多客观因素，还要全面地了解和把握公共建筑空间设计的以下具体内容。

1. 建筑室内外空间设计

在建筑物内外部进行规划和设计的过程中，要针对空间规划，组织并创造出合理的室内使用功能空间，需要根据人们对建筑使用功能的要求，进行室内平面功能的分析和有效的布置，围绕建筑构造进行设计。这也是为了满足人们在使用空间时对基本实质环境的需求（图 1-5）。

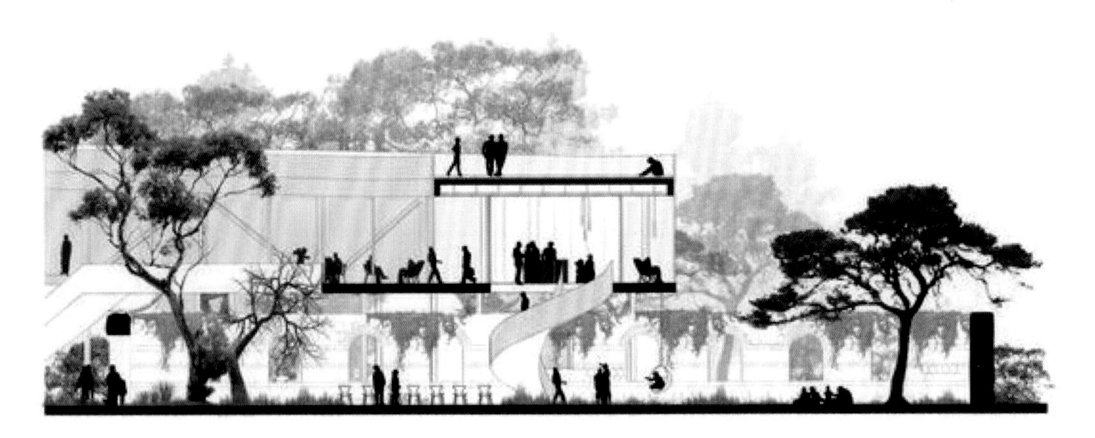

图 1-5 建筑室内外空间环境

2. 建筑空间物理环境设计

建筑空间的热、光、声环境及空气品质是室内物质环境的主要构成因素，这些环境因素共同影响人主观感知的行为表现。人与建筑环境关系的整体性已成为建筑学、艺术设计学、环境心理学与建筑环境学研究的普遍共识。在建筑空间中，需要充分考虑空间中良好的采光、通风、照明和音效等方面的设计处理，并充分协调建筑室内环境、水电等设备的安装，使其布局合理。建筑空间的环境系统由六大部分内容组成，即采光与照明系统、电气系统、给水排水系统、供暖与通风空调系统、声学与音响系统、消防系统。

3. 建筑空间陈设艺术设计

建筑空间陈设艺术设计包括两个方面内容：一是对已装修的界面进行装饰设计；二是用活动的物品进行陈设艺术设计。它强调在空间中对家具、灯具、陈设艺术品以及绿化等方面进行规划和处理。其目的是使人们在室内环境中工作、生活、休息时感到心情愉快、舒畅；简而言之，就是为了满足人们生活、工作和休闲的需要。建筑空间陈设艺术设计为了提高室内空间和生活环境的质量，对建筑物内部的实质性和非实质性环境进行规划与布置（图 1-6）。

图 1-6　建筑空间陈设艺术设计

二、公共建筑空间设计的分类

公共建筑空间设计的形态范畴可以从不同的角度进行界定、划分。按空间的类同性分类，一般可分为建筑室外空间设计和建筑室内空间设计；按空间的使用功能分类，可分为居住建筑室内装饰设计和公共建筑室内装饰设计（表 1-1）。

表 1-1　公共建筑空间设计的分类

公共建筑空间设计	建筑室外空间设计	建筑外立面设计	
		建筑外部环境设计	
	建筑室内空间设计	居住建筑室内装饰设计	集合式、公寓式、院落式、别墅式、宿舍式等
		公共建筑室内装饰设计	办公、餐饮、商业、娱乐、酒店、文教、医疗等

单元四 公共建筑空间设计的原则及法则

一、设计的原则

在建筑空间中，人造环境，环境造人。设计中首先要以人为核心，在尊重人的基础上，关怀人，服务于人。在一定的条件下，完美地综合满足各种功能要求，并且使设计符合美学原则和具有独特的创意。“实用、坚固、美观”在 2 000 多年前就被建筑家列为好建筑的标准。因此，在公共建筑空间设计过程中，应考虑以下几个设计原则。

1. 功能性设计原则

建筑的价值不是围成空间实体的壳，而是空间本身，即室内空间本身需要体现建筑的使用价值。功能的合理性不仅要求室内空间本身具有合理的形式，还要求各空间之间必须保持合理的关联，包括功能与空间、功能与人、人与空间三者之间的联系。

2. 经济性设计原则

广义来说，经济性设计原则就是以最小的消耗达到所需的目的。它包含生产性和有效性两个方面。要根据建筑的实际性质和用途来确定设计标准，不应单纯追求艺术效果，造成资金浪费，也不要片面降低标准而影响效果，重要的是在同样的造价下，通过巧妙的构造设计达到良好的实用与艺术效果。

3. 美观性设计原则

美是指能引起美感的客观事物的一种共同的本质属性，美观性设计是人们对美的本质、定义、感觉、形态及审美等问题的认识、判断、应用的过程。美观性是一种随时间、空间、环境而不断变化的概念。既不能因设计在文化和社会方面的使命而不顾及使用者的需求，又不能把美庸俗化。

4. 安全性设计原则

建筑空间是人们活动的主要聚集地，人的流动速度快，在建筑室内外空间中领域性的划分、空间组合的处理，不仅有助于密切人与人之间的关系，更有利于空间环境的安全。

社会的进步让人们更加注重自身的情感认知与心理感受，因此，“以人为本”的理念随之也成了公共建筑空间设计的重要原则与核心理念。在具体的空间环境设计中，必须从人性化与人的需要出发，充分考虑空间使用者的心理需求、生理需求，以设计出合理、便利的环境来满足人们对室内空间物质环境、精神环境和人文环境的多重需要，在提供舒适、便利、安全、健康的生活、工作环境的同时，进一步提高人们的生活与工作条件。

二、设计的法则

美是每个人追求的精神享受，人们因经济地位、文化素质、思维习惯、生活理想、价值观念等不同而具有不同的审美观念。所谓形式美，主要是指物体外观造型的美感，是一种能够让人直观感受到的美感。从人们长期生产、生活实践中积累的，依据客观存在的美的形式法则，称为形式美法则。形式美法则中，美的形式如何变成形式美是一个长期的审美积淀过程，它们之所以能成为美，是因为符合规律的自然形式，如常见的对称、比例、节奏、韵律、均衡等。不同背景下的不同审美主体对同一种建筑空间形式会有不同的审美感受，而多样统一、节奏、对称、均衡等形式美的规律，可以超越时代、个性、民族而存在（图 1-7）。

图 1-7　空间形式美

1. 平衡与和谐

平衡的方式有对称式和均衡式两种。沿一条对称轴线安排相同的形体要素、形体的造型，尺寸相同的位置相互照应，称为对称式平衡。均衡式平衡又称为非对称式平衡，主要是指空间构图中各要素之间的相对平衡关系。和谐是构成视觉形象的要素，是相互之间整体协调的关系。和谐在统一与对比两者之间不是乏味、单调和杂乱无章，两种以上的构成要素具有基本的共通性和融合性称为和谐。

2. 统一与对比

统一是视觉形象中共性或个性协调的具体反映。有时，过分的和谐会产生单调感，需要在统一中求得变化。对比是强调视觉要素的变化和反差，它能使主题更加鲜明、视觉效果更加活跃。好的设计既不单调，又不混乱；既有起伏变化，又能协调统一。

3. 比例与尺度

早在古希腊，人们就已发现至今为止世界公认的黄金分割比 1∶1.618，它也是人眼的高度视域之比。美的比例是设计中一切视觉单位的大小，以及各单位间编排组合的重要因素。尺度是人们感觉上的大小印象，是指人与空间的比例关系所产生的心理感受。尺度和比例是相互联系的。在长期的生产实践和生活活动中，人们一直运用着比例关系，并且根据自身活动的方便总结出各种尺度标准。

4. 节奏与韵律

自然界中的许多现象由于有规律地重复出现或有秩序地变化而激发人们的韵律感，人们有意识地模仿和运用，从而创造出各种具有条理性、重复性和连续性美的形式，称为节奏；有规则变化的形象或色群间以数比、等比处理排列，从而产生音乐、诗歌的旋律感，称为韵律。节奏是韵律的基础，韵律是节奏的升华。节奏富有理性，而韵律则富有感性。

MODULE TWO

公共建筑空间设计方法与程序

教学目标

1. 知识目标

（1）了解设计的思维特征。

（2）掌握公共建筑空间设计方法与程序。

2. 能力目标

（1）能灵活运用空间思维进行设计。

（2）能按照公共建筑空间设计的流程及方法进行设计。

3. 素质目标

具备一定的研发设计、技术实践能力，具有设计自主性、创新性和较强的可持续发展能力，实现核心设计体系的塑造。

教学内容

（1）公共建筑空间设计方法。

（2）公共建筑空间设计程序。

教学重点

（1）公共建筑空间设计的思维方法。

（2）公共建筑空间设计的流程及空间的组合方式。

思维导图

单元一 公共建筑空间设计方法

设计的过程与结果都是通过人脑思维来实现的。人的思维过程是抽象思维和形象思维有机结合的过程。就设计思维而言，由于本身跨越学科的边缘性，单一的思维模式不能满足复杂的功能与审美要求。因此，它的思维模式显然具有自身鲜明的特征。这种思维特征构成了公共建筑空间设计程序的特有模式。

课件：公共建筑空间设计方法

一、多元设计思维法

抽象思维着重表现为理性的逻辑推理，因此也可称为理性思维；形象思维着重表现为感性的形象推敲，因此也可称为感性思维。

理性思维是一种线形空间模型的思路推导过程，一个设计概念通过立论可以成立，经过收集不同信息反馈于该点，通过客观的外部研究过程得出阶段性结论，然后进入下一点，如此循序渐进，直至得出最后的结果。

感性思维是一种树形空间模型的形象类比过程，一个题目产生若干概念，每种概念可能是完全不同的形态，在其中选取符合需要的一种，再发展出若干个新的概念，如此举一反三地逐渐深化，直至最后产生满意的结果。

公共建筑空间设计属于艺术设计范畴，就空间艺术本身而言，感性的形象思维占据了主导地位。但是在相关的功能技术性门类里，则需要逻辑性强的理性抽象思维。进行一项空间设计，丰富的形象思维和缜密的抽象思维必须兼而有之、相互融合，才能形成设计思维。常见的设计思维渠道包括以下几个方面。

1. 概念联想

事物的概念，可指向一种理念、一种风格，或者一个简单的词语。运用类推、抽象、转化等联想思维，可以把它们转换成新的设计概念。

2. 形象联想

以某种关联形象为联想的出发点，通过处理形象的结构、形状、质感、颜色的关系，整体与局部、原因与结果、内容与形式的关系，形象与形象之间相同、相近、相反的关系，让每个结果产生变化，最后生成新的派生形象，成为设计的母体符号，如以条形码为基本形象的联想。

3. 母体符号的运用

公共建筑空间设计是一个将创意视觉符号化的过程，人的思维要根据设计意象对视觉元素进行挑选、变换、组合，对视觉元素进行有机的关联，形成特定的编码型符号系统。系统中最基本、最本质的符号称为“母体符号”。

使用综合多元的设计思维渠道是公共建筑空间设计思维方法的主要特征。在很多情况下，单元线性思维很难应付纷繁的设计问题，只有多元思维方式才能产生可供选择的方案（图 2-1）。

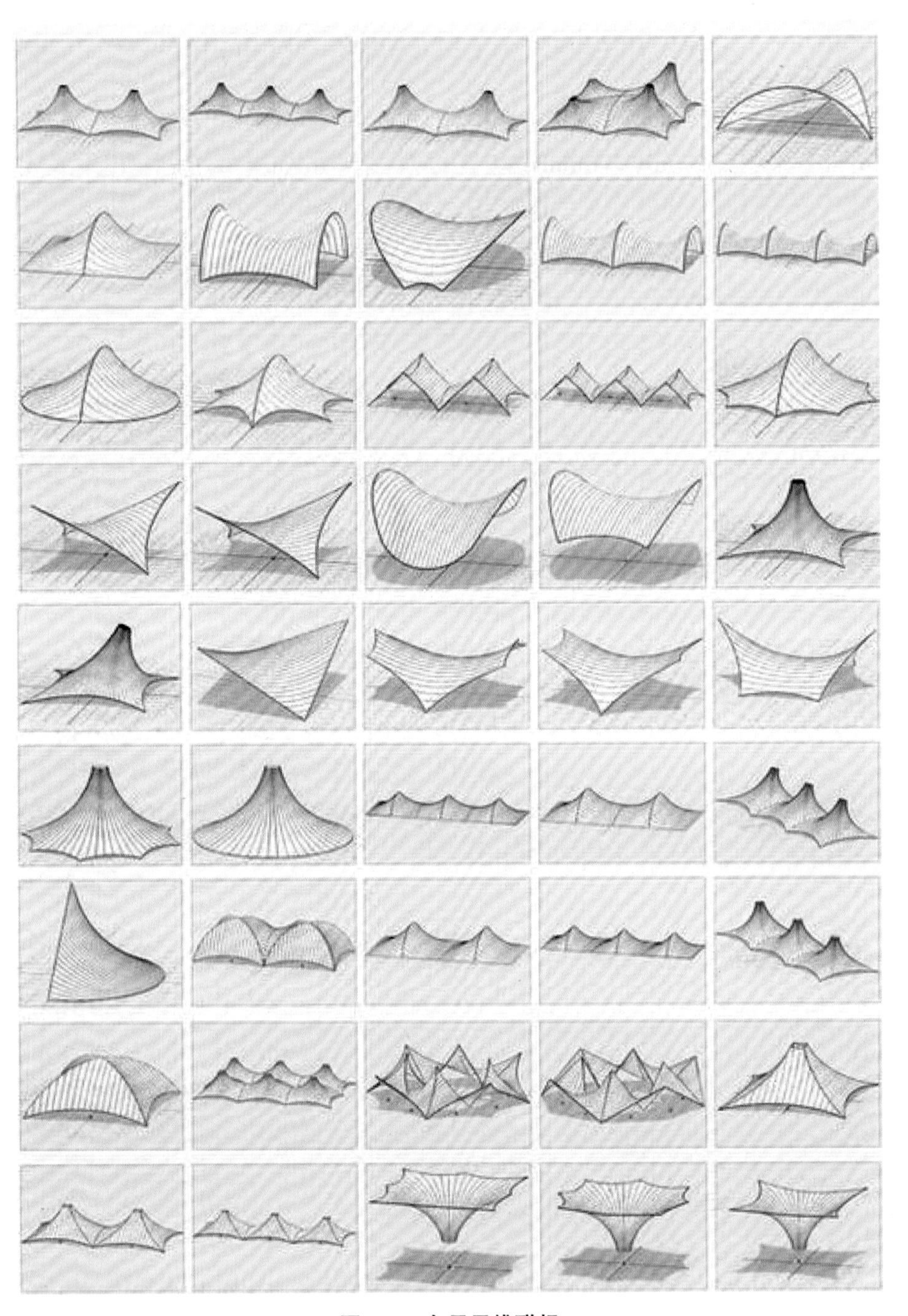

图 2-1 多元思维联想

二、图形分析思维法

公共建筑空间设计是一种图形创意设计，设计者依赖图形语言与外界交流设计意图，其思维借助图形自我交流。设计中更多的是透过人脑对可视形象或图形进行空间想象。这种对形象敏锐的观察和感受能力，是进行设计必须具备的基本素质。这种素质的培养主要依靠设计者本身建立科学的图形分析思维方式。所谓图形分析思维法，是指借助各种工具绘制不同类型的形象图形，并对其进行设计分析的思维过程（图 2-2）。

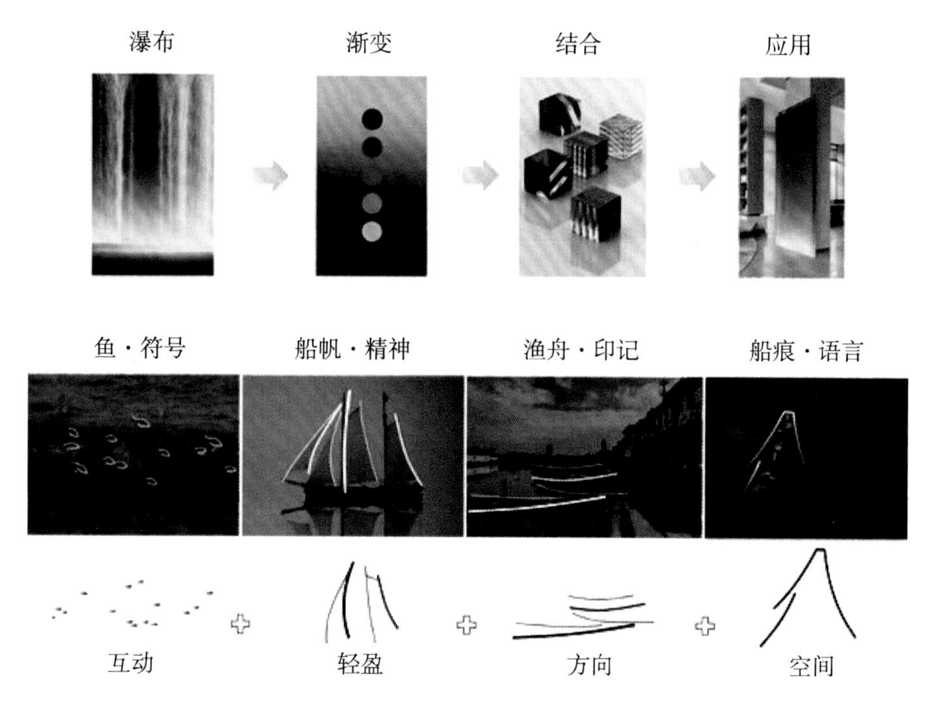

图 2-2 图形语言分析

掌控公共建筑空间设计的语言方法，关键是学会各种图解形象的思维方法。在设计中，图形分析思维方式主要通过以下三种绘图类型来实现。

（1）第一类为空间实体可视形象图形，表现为速写式空间透视草图或空间界面样式草图（图 2-3）。

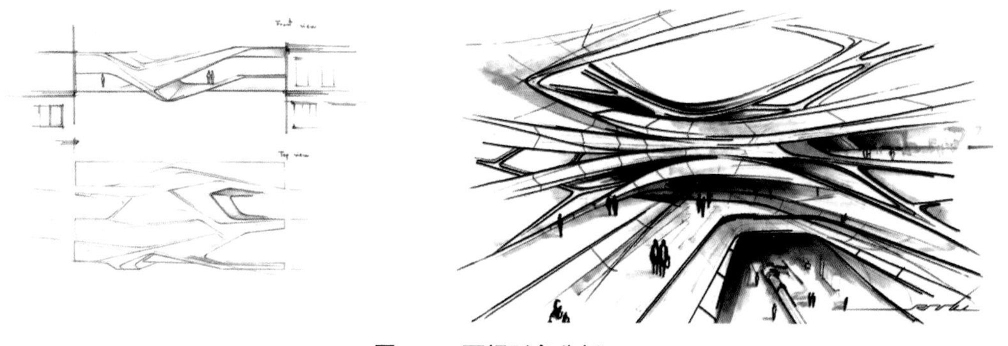

图 2-3 可视形象分析

（2）第二类为抽象几何线平面图形。在空间设计系统中，其主要表现为系统分析法和图形分析法两种形式。

1）系统分析法：针对各种空间的关系进行分析，摆脱了空间具体的形状、量度及距离，以二维空间中点的单向运动与分立作为图形表象特征，并利用类似原子裂变运动的树状结构样式，形成树状分析系统，常用于公共建筑装饰的设计系统分类，空间系统分类及概念设计的交通联系、人流关系、邻近关系、序列关系分析等（图 2-4）。

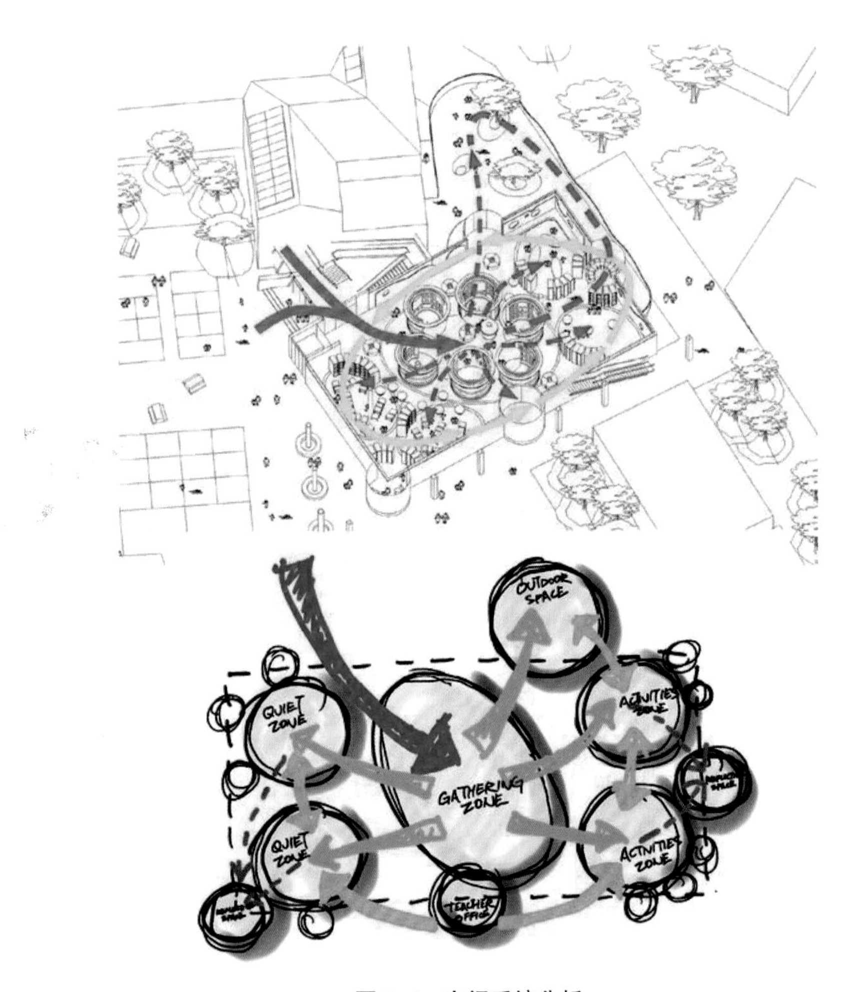

图 2-4　空间系统分析

2）图形分析法：通过手绘图形的偶然性形状，触动设计灵感，产生新的图形联想。运用模糊概念摆脱思维禁锢，从方向不确定性和形状可塑性强的特点出发，由模糊过渡到清晰，从中寻求各种设计要素的变化方案，最终确定方案的平面形态与空间尺度（图 2-5）。

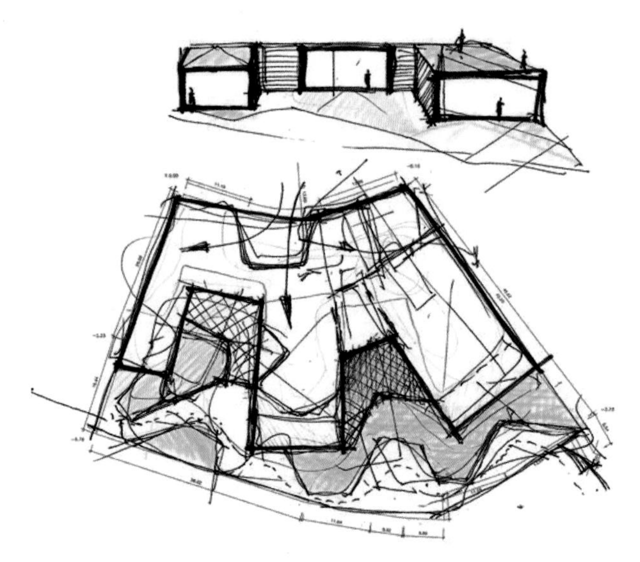

图 2-5　空间手绘图形

（3）第三类为基于严谨画法的几何图形，表现为正投影制图、三维空间透视等。其目的是清晰地表述图解思维设计。

几何图形分析是一个由大到小、由整到分、由粗到细的过程。在完成空间整体功能与形象的图形后，再进行空间界面、构造细部、材料做法的推敲，以期得到最佳的效果（图 2-6）。

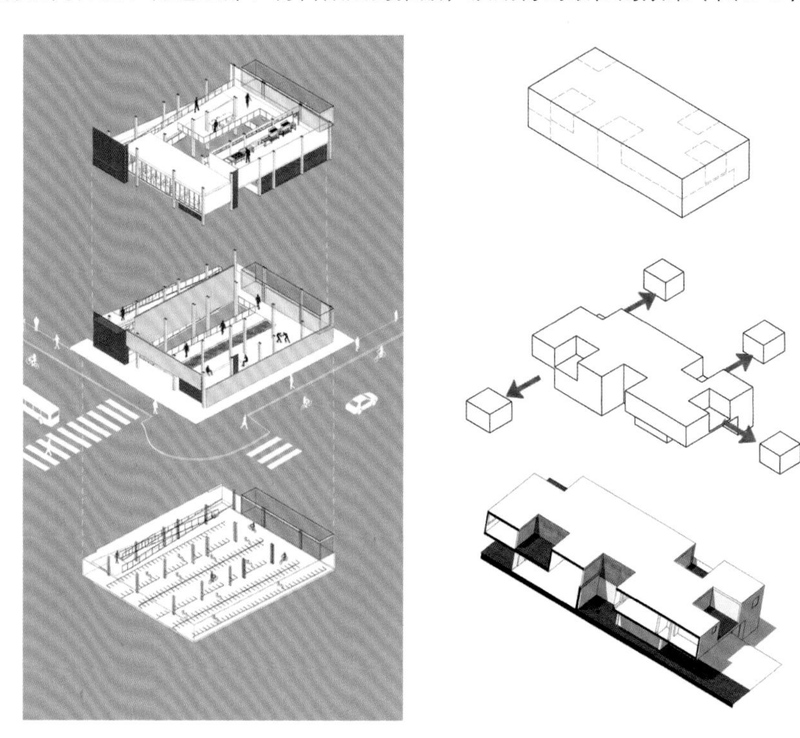

图 2-6　几何图形分析

三、对比综合分析法

选择是对纷繁客观事物的提炼优化，合理的选择是所有科学决策的基础。人脑最基本的活动体现为选择的思维，这种选择的思维活动渗透于人类生活的各个层面。选择是通过不同客观事物优劣的对比来实现的。这种对比分析的思维过程成为人判断客观事物的基本思维过程，成为人判断客观事物的基本思维模式。

就设计而言，选择的思维过程体现为多元图形的对比、分析、优选，对比综合的分析过程建立在综合多元的思维渠道及图形分析的思维方式之上。没有前者作为对比的基础，后者的结果也不可能达到最优。一般的选择思维过程是综合各类客观信息后的主观决定，通常是一个经验的逻辑推理过程。可以说对比综合分析的思维决策，在艺术设计领域主要依靠可视形象的作用。

对比综合分析过程依赖于图形绘制信息的反馈，一个概念或一个方案的诞生，必须靠多种形象的对比。在概念设计阶段，通过抽象几何线平面图形的对比，优选决定设计的使用功能；在方案设计阶段，通过对不同界面的建筑室内空间透视构图的对比分析决定最终的空间形象；在施工图设计阶段，通过对不同比例节点详图的对比分析决定适宜的材料截面尺度；通过对不同材料构造的对比分析决定合适的搭配比例与结构。

单元二 公共建筑空间设计程序

课件：公共建筑空间设计程序

公共建筑空间设计是一个复杂的系统工程，其设计过程并不是简单地运用计算机操作，而是一种思考和创作的过程，也是一个把精神品质变成具体物质的过程。公共建筑空间设计程序基于工作过程来划分阶段性任务，即概念设计阶段、方案设计阶段和施工图设计阶段。平面功能布局和空间形象构思草图是概念设计阶段的主体；透视效果图和平立面图是方案设计阶段的主体；剖面图和细部节点详图则是施工图设计阶段的主体。

一、概念设计阶段

设计定位需要全面的思维能力，设计定位的中心在于设计概念，而设计概念的提出与运用是否准确，完全决定了设计定位的意义与价值。设计概念的提出注重设计者的主观感性思维。在这个过程中，主要运用的思维方式有联想、组合和归纳。设计者的本体思维差异决定了其联想的深度和广度。概念设计在工程项目中的主要任务是完成空间形态的整体塑造。它是公共建筑空间设计的形象风格构思阶段，立足于功能布局的总体把握，不计较具体细节的完善。它营造项目个性形象的符号系统、创意设计方案的空间氛围，更多地驻留在设计方案的自我交流思维层面，是公共建筑空间设计不可缺少的创意阶段。概念设计阶段的具体任务如下。

（一）项目调查与分析

设计并非凭空想象，而是有特定的具体任务的。这种任务受很多因素的制约，如地理环境、建筑结构、使用空间、功能机构、委托方的意图、工程预算等。

1. 项目招标书

项目招标书是概念设计的依据，必须仔细阅读项目招标书，充分了解委托方的意图，设计才不会南辕北辙。这个过程涉及招标投标的流程（图 2-7），具体如下：

（1）购买资格预审文件，通过资格预审获得投标邀请书。

（2）购买招标文件，交投标保证金，编制及报送招标文件。

（3）参加开标—讲标—获得中标通知书—签订合同。

项目招标书的主要内容包括以下几个方面（图 2-8）：

（1）工程条件，包括工程名称、工程日期要求、工程地点、工程范围。

（2）工程资金标准。装修费用通常处于保密状态，但设计师必须了解，否则装修材料档次无法确定。

（3）使用方组织结构。这涉及功能布局，需要详细了解经营方针、人流过程、组织部门、功能设施等，必要时可用关联矩阵坐标法分析解剖。

（4）设计技术要求，包括设计图纸及资料、采用的技术标准、工程质量要求、预算编制依据。

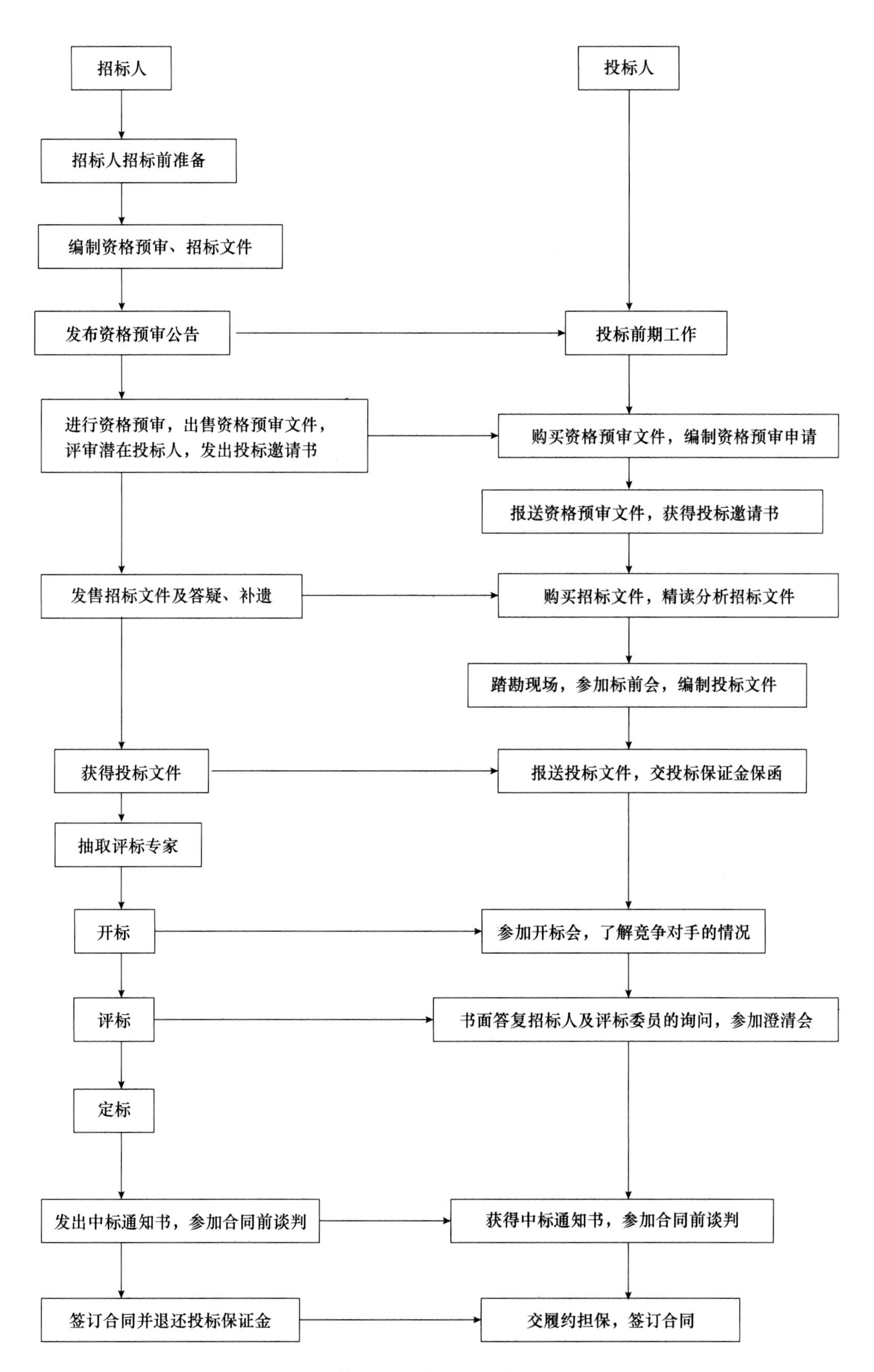
招标人
招标人招标前准备
编制资格预审、招标文件
发布资格预审公告
进行资格预审，出售资格预审文件，评审潜在投标人，发出投标邀请书
发售招标文件及答疑、补遗
获得投标文件
抽取评标专家
开标
评标
定标
发出中标通知书，参加合同前谈判
签订合同并退还投标保证金
投标人
投标前期工作
购买资格预审文件，编制资格预审申请
报送资格预审文件，获得投标邀请书
购买招标文件，精读分析招标文件
踏勘现场，参加标前会，编制投标文件
报送投标文件，交投标保证金保函
参加开标会，了解竞争对手的情况
书面答复招标人及评标委员的询问，参加澄清会
获得中标通知书，参加合同前谈判
交履约担保，签订合同

图 2-7　招标投标的流程

项目	内容	说明与要求
1	招标人	×××集团有限责任公司
2	工程名称	×××商业空间设计
3	项目地点	×××市×××区×××路
4	招标方式	邀请招标
5	招标范围、标段划分	**招标范围：**×××商业空间设计（详见设计任务书） **标段划分：** 壹 个标段
6	设计周期	**概念设计阶段：**2023/05/01—2023/06/15 **方案深化阶段：**2023/06/20—2023/08/20 **扩初设计阶段：**2023/07/25—2023/09/10 **施工图设计阶段：**2023/09/15—2023/10/30
7	资金来源	自筹资金，已落实
8	投标人资质等级要求	1．具有独立法人资格，有独立承担民事责任的能力； 2．具有该行业国家规定必备的资质、资格； 3．有健全的财务会计制度，良好的信誉和售后服务能力； 4．依法缴纳税收和社会保障资金的良好记录； 5．具有履行合同所必须的设备和专业技术能力
9	投标有效期	60 个日历天（自投标截止日计起）
10	踏勘现场	由各投标人自行组织踏勘，并承担相应风险
11	投标替代方案	□采用 ☑不采用
12	投标文件份数	正本 壹 份，副本 贰 份，电子版 壹 份［技术标与商务标（含电子版）投标文件分开封存，技术标评审完后再进行商务标评审，技术标评审不合格的不再进行商务标评审。］
13	招标文件发放	时 间： 2023 年 3 月 30 日 17:00 地 点：×××市×××区×××路××成本采购中心
14	质疑及答疑	质疑截止时间： 2023 年 4 月 5 日 17 时 00 分前 答疑截止时间： 2023 年 4 月 7 日 17 时 00 分前
15	投标文件提交地点及截止时间	收件人：××× 地 点：×××市×××区×××路××成本采购中心 时 间： 2023 年 4 月 18 日 9 时 00 分（北京时间）
16	开标时间及地点	时 间： 2023 年 4 月 18 日 9 时 00 分（北京时间） 地 点：×××市×××区×××路××成本采购中心会议室 注意事项：开标时投标文件编制负责人（含技术标及商务标）、主创人员（必须与资格预审文件一致）及授权代表人本人必须到场
17	合同签署	投标人在收到中标通知书后 7 日内签订合同

图 2-8 项目招标书的主要内容

2. 建筑环境调查与分析

设计师应全面掌握建筑设计的原始资料，以此为依据展开公共建筑空间设计（图 2-9）。对于建筑环境，主要有以下几个方面需要着重勘察。

（1）建筑结构勘察，包括勘察墙、梁、柱等。

（2）机电系统勘察，包括勘察空调、水、电等设备管道及点位。

（3）消防设计勘察，包括勘察消防安全通道、设备设施等。

（4）烟道和所有管道井道勘察。

（5）采光、照明及新风分析。

图 2-9 建筑原始空间

（二）平面功能布局

公共建筑空间设计的平面功能布局图主要用来研究交通和实用面积之间的关系。根据人的行为特征，空间的使用基本表现为动与静两种形态。动即交通路线及人流动线，静即空间实用面积。它涉及位置、形体、距离、尺度等时空要素。平面功能布局图所要解决的问题，是建筑室内空间设计中涉及功能的重点。它包括平面功能分区、交通流向、家具陈设样式与位置、设备设施等诸多要素。各种因素作用于同一空间，其所产生的矛盾是多方面的。协调这些矛盾，使平面功能达到最合理的布局是概念设计阶段工作的基本目标（图 2-10）。

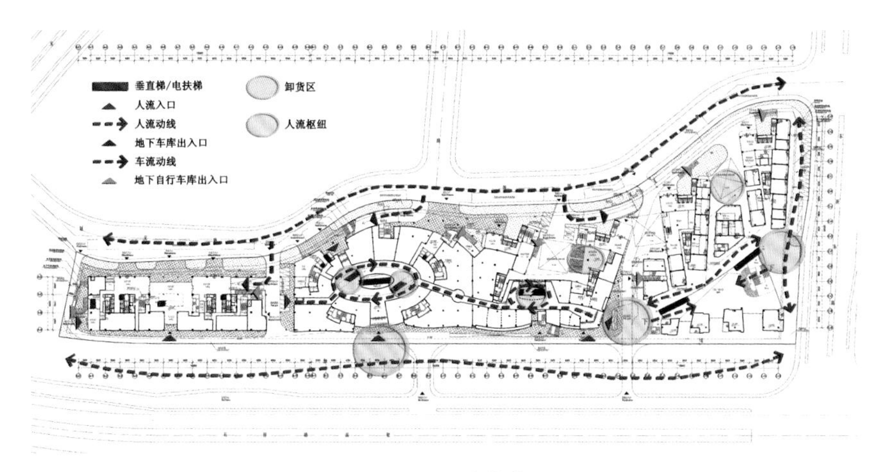

图 2-10　平面功能布局图

（三）空间形象构思

公共建筑的空间形象构思是体现审美意识、表达空间艺术创造的主要内容，是概念设计阶段与平面功能布局相辅相成的另一种表达方式。平面功能布局图仅解决二维空间关系，而建筑空间是由各个界面围合的三维空间形态，这些空间形态呈现不同样式和形象的特征变化，带给人们各种不同的心理感受，这也正是设计者孜孜以求的艺术设计氛围。空间形象构思的着眼点应主要放在空间虚拟形体的塑造上；同时，注意协调由建筑构件、界面装修、陈设装饰、采光照明所构成的空间总体艺术氛围（图 2-11）。

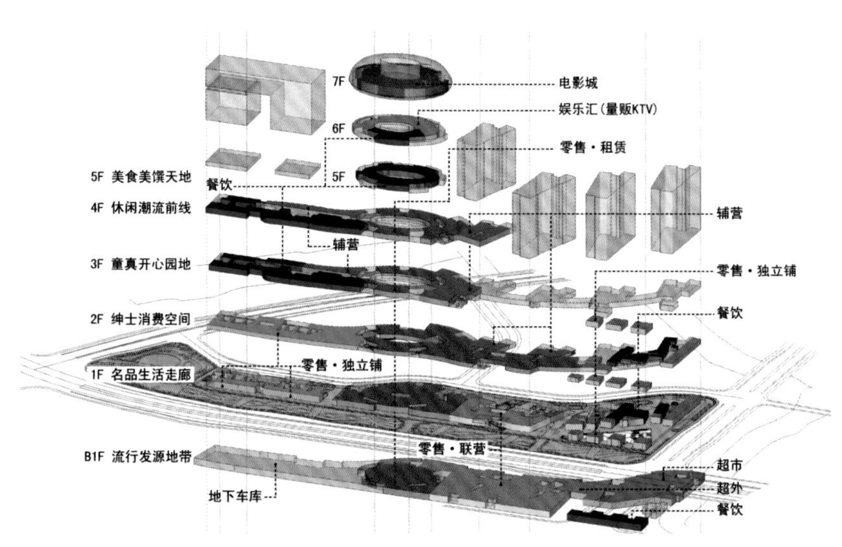

图 2-11　空间分析图

二、方案设计阶段

在概念设计阶段主要解决设计方向的整体构思，主要进行自我交流，图面表现效果可以是不完善的创作素材。而设计概念确立后的方案设计是另一种概念：一方面，它是设计概念思维的进一步深化；另一方面，它是设计表现最关键的环节。方案设计阶段的图纸是一套完整的正规图纸，包括平面布置图、吊顶布置图、地面铺装图、立面图、透视效果图、设计说明等，它们是设计者向业主提交的正式方案。从内容上，方案设计是概念设计的具体化、全面化和深入化；从效果上，方案设计是运用规范的设计语言，呈现更加精细、全面的内容。

（一）平面布置图

平面布置图（图 2-12）是方案设计阶段最重要的图，平面空间布局是“万丈高楼平地起”的基础，一定要反复推敲。它的主要任务如下。

（1）对项目的空间进行功能分区。在空间分割的过程中，首先要了解项目的经营流程，按照其关系确定各功能区的序列、顺序。

（2）对项目空间的交通流线进行规划。其涉及人流疏散通道的宽窄、长短问题及各种主通道、次通道、安全通道划分的合理性问题。

（3）房间的空间隔断形式。其常见的形式有完全隔断、透视隔断和虚拟隔断。同样的空间采用不同的隔断处理方式，可以产生不同的空间效果。

（4）检验空间划分的合理性。平面布置图是把所有家具和设备按实际大小布置进各房间，以检验空间划分的合理性。需要考虑家具的位置、大小及各种人性化的布置（图 2-13）。

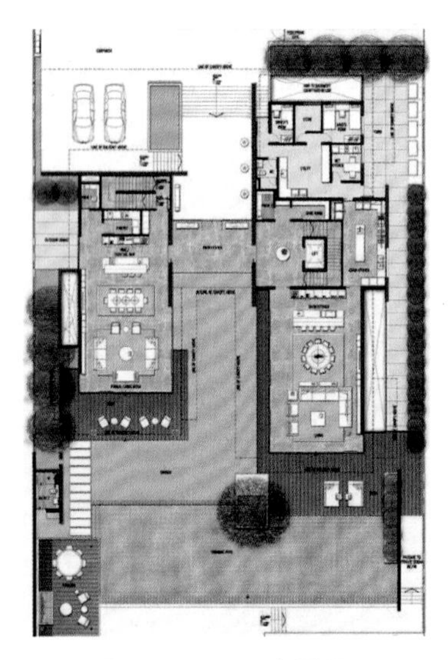

图 2-12 平面布置图

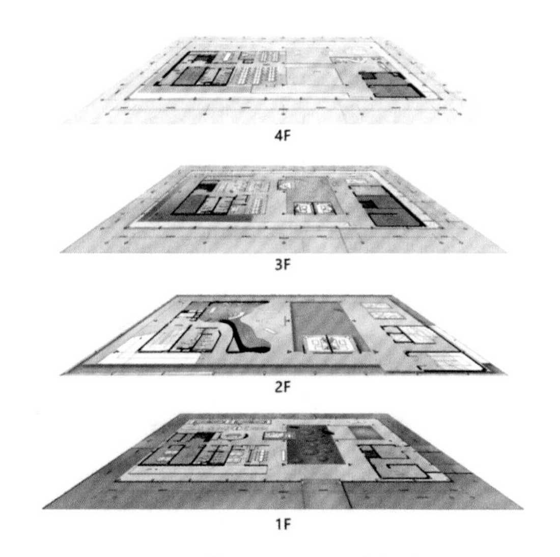

图 2-13 平面分析图

（二）吊顶布置图

吊顶布置图主要表现顶部界面造型样式、材料搭配及灯光布置等。吊顶布置所受限制因素比较多。既要考虑吊顶与梁的尺度关系，还得处理吊顶空腔内设备管线的问题，把空调管道、强弱电管线、喷淋设施、通风管道等机电、消防设施藏入吊顶（图 2-14）。

吊顶设计按造型归类可分为平面式、凹凸式、发光式、穹顶式。

吊顶设计的组合形式包括单项式、多项式、中心对称式、发散式、自由式。

在公共建筑空间设计过程中，灵活运用吊顶设计元素，打造出独特风格的吊顶设计，对渲染空间环境氛围和提高空间精神品质都具有重要的影响。吊顶设计最终要满足人的使用与感受需求。

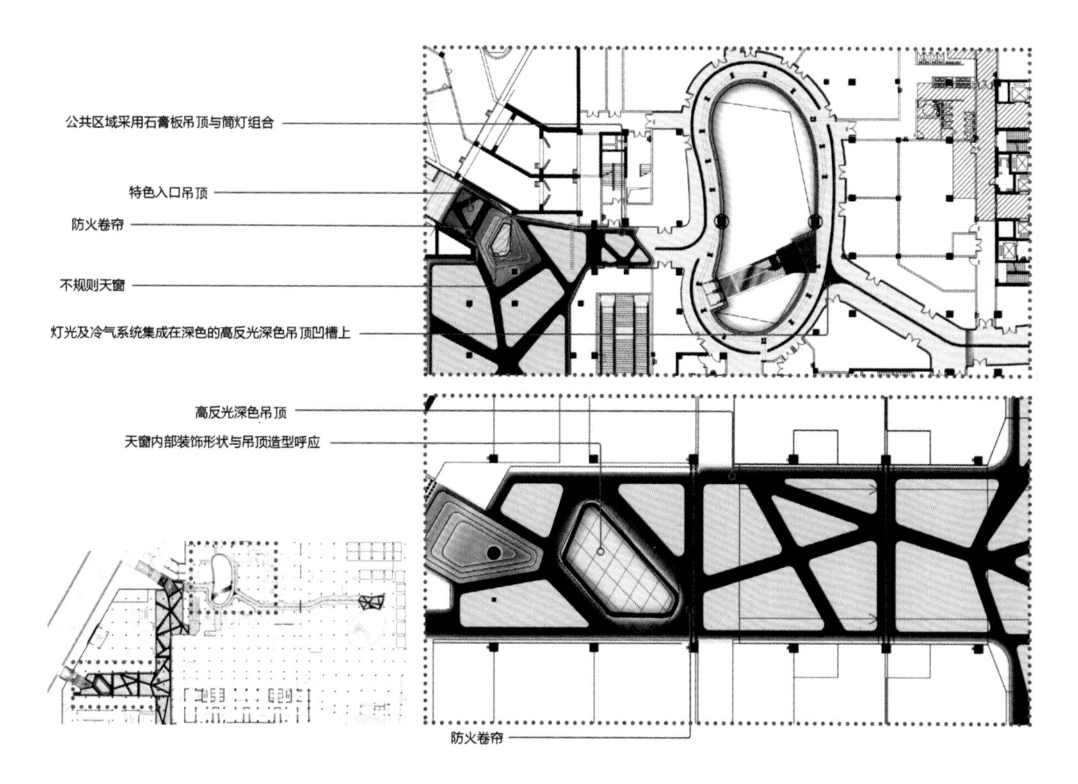

图 2-14　吊顶布置图

（三）地面铺装图

地面的装饰效果对空间的整体效果具有直接影响，现代人对于美有着独特的需求，因此，在公共建筑空间设计中更关注地面装饰效果。在装饰材料的选择上，以实用性为主、观赏性为辅，可遵循功能性原则、实用性原则、经济性原则及耐用性原则（图 2-15）。

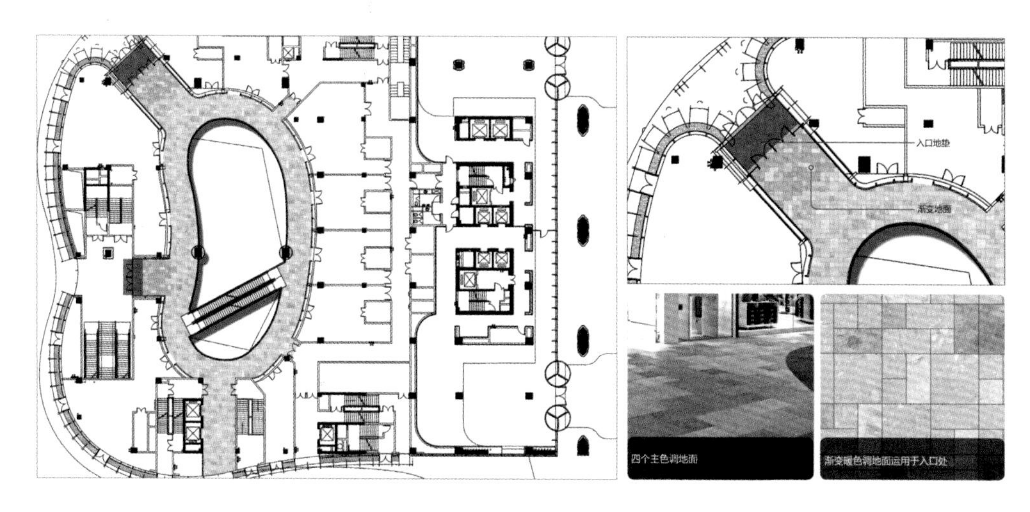

图 2-15　地面铺装图

（四）立面图

以平行于房屋室内墙面的投影面，用正投影的原理绘制出的房屋室内投影图，称为立面图。立面图主要反映建筑室内四个墙面的体形和外貌、室内门窗的形式和位置、墙面的材料和装饰工艺等，是施工的重要依据。它包括柱子、门窗、横梁、隔墙等界面造型样式。立面图应清楚地标注尺寸、材料名称等（图 2-16）。

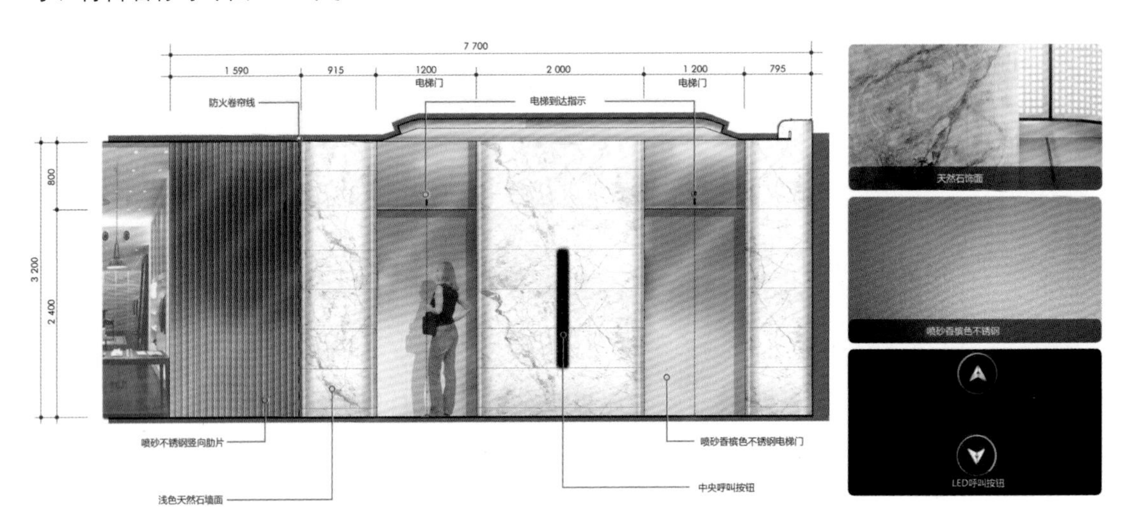

图 2-16　立面图

（五）透视效果图

透视效果图是设计师研究、推敲和表达自己构思的重要图纸。它真正地再现立体空间，是与非工程人员交流的最好形式。透视效果图有多种表现形式，如计算机辅助设计和徒手绘画方式等。透视效果图应选择功能最重要的部分进行表现，尽可能使表现的场景完整，要合理选择透视类型，使其充分表现设计意图（图 2-17、图 2-18）。

图 2-17　手绘效果图

图 2-18　渲染效果图

三、施工图设计阶段

如果说概念设计阶段以“构思”为主要内容，方案设计阶段以“表现”为主要内容，施工图设计阶段则以“标准”为主要内容。这个标准是施工的唯一科学依据。再好的构思、再美的表现，如果离开标准的控制都可能面目全非。施工图设计阶段的成果由平面图、立面图、剖面图等图纸文件及图纸目录、设计说明、装饰材料表等文本文件共同组成。

单元三 项目实训

项目实训任务

实训任务书	
实训项目	
设计内容及要求	根据本单元的内容，通过抽象思维和形象思维的有机结合，运用不同的思维方法进行元素的分析及运用。参考实训项目中三种类型的图片，在各自生活场景中找出类似的元素演变并进行分析
提交成果	方案文本
建议学时	2学时

MODULE THREE

公共建筑空间设计施工图制图规范

教学目标

1. 知识目标

（1）掌握公共建筑空间设计施工图制图流程。

（2）掌握公共建筑空间设计施工图制图标准。

2. 能力目标

（1）能绘制标准施工图。

（2）能在施工图中清晰地体现设计方案。

3. 素质目标

具备良好的规范意识和精益求精的工匠精神。

教学内容

（1）施工图制图内容。

（2）施工图制图标准。

教学重点

（1）施工图制图的基本程序。

（2）施工图制图的标准规范。

设计是一种原创活动，其具有功能性、艺术性、科技性、经济性等特性。设计与艺术活动密不可分，设计者需要把设计意图准确交代给工程实施人员，施工图设计成为双方沟通交流的媒介。在建筑及设计行业，施工图是工程技术的工作语言，是将设计意图转化为真实工程产品的重要方式，也是建筑装饰工程设计、工程管理和工程预算极为重要的技术指导文件。施工图设计落实经济、技术和材料等物质要求，并收集施工的必要数据。它是设计的终端纸面产品，是设计者对工程的说明，是设计师与施工人员沟通的桥梁与工具，是施工人员施工的依据与技术标准，是实际设计、施工的指导文件。

单元一 施工图制图内容

施工图设计是以材料构造体系和空间尺度体系为基础的。一套完整的施工图由文本文件和图纸文件共同组成。由于图纸表达的局限性，许多设计思想和构成方法用文字表达更为准确与达意。

一、文本文件内容

（1）设计说明。设计说明是表达设计思想意图的文本文件，其内容主要包括设计思路的说明、设计风格的阐述、各部分材料的运用及最后效果的表达。

（2）施工工艺要求。施工工艺要求是设计者对施工方的材料及具体做法的要求，许多复杂的工艺程序必须用文字提出准确的施工工艺要求。

（3）验收标准。验收标准一般是根据现行的建筑装饰及消防行业标准提出的要求，是公共建筑空间设计工程的约束性文本文件。

（4）图纸目录。公共建筑空间设计的图纸数量一般比较多，为了方便查阅，必须有图纸目录。

（5）装饰材料及防火性能表。公共建筑空间设计工程一般都要求将施工图中所有材料检索出来，制作成文本表格，并附以材料样板和防火性能的说明（图 3-1 ~ 图 3-4）。

课件：施工图制图内容

彩图 3-1 至彩图 3-4

施工图设计说明

1、设计依据

1.1 工程建设单位对本项目室内公共空间方案和效果的最终确认，双方签订的室内设计合同及附件内容。

1.2 国家有关法律法规和现行工程建设标准规范：

《房屋建筑室内装饰装修制图标准》 JGJ/T244-2011
《建筑制图标准》 GB/T50104-2010
《建筑设计防火规范》 GB50016-2014（2018年版）
《建筑内部装修设计防火规范》 GB50222-2017
《民用建筑设计统一标准》 GB50352-2019
《民用建筑工程室内环境污染控制规范》 GB50325-2020
《商店建筑设计规范》 JGJ48-2014
《办公建筑设计规范》 JGJ67-2006
《无障碍设计规范》 GB 50763-2012
《城市公共厕所设计标准》 CJJ14-2016
浙江省消防技术规范难点问题 操作技术指南（2020 版）

1.4 本设计施工图纸中未尽说明之处均应遵守国家建筑设计图集（由中国建筑标准设计研究院组织编制）及相应的技术规程，常用如下：

《民用建筑工程室内施工图设计深度图样》 06SJ803
《建筑室内吊顶工程技术规程》 CECS 255: 2009
《内装修——轻钢龙骨内（隔）墙装修及隔断》 13J502-1
《内装修——室内吊顶》 12J502-2
《内装修——室内（楼）地面装修及其他装修构造》 13J502-3
《公共建筑卫生间》 6J914-1
《建筑玻璃应用技术规程》 JGJ113-2015

2、项目概况

2.1 工程名称：
2.2 建设地点：
2.3 建设单位：
2.4 工程概况等简介：

3、设计标高及图纸说明

3.1 本工程所有标高标注均以m（米）为单位，其余标注均为mm（毫米）。

3.2 各层标注的标高为建筑（楼）地面装修完成后的（楼）地面标高。本工程底层室内完成地面标高为±0.000。

3.3 各层吊顶（天花）标高为装修完成后的吊顶（天花）面到本层（楼）地面（完成后）的实际高度。

3.4 本套施工图图纸编号分四类：一类按说明类编制，图别+图号，如"SM-1"表示说明类第一张图纸；一类按各楼层+图号组合编制，如图"室施L1-2"表示一层的第2张图纸；另一类为通用施工图，即各楼层公共区块图纸，以"室施G-"表示；还有一类按各个详细空间系统分类的图纸。

3.5 本工程设计图纸的标注尺寸均应由施工人员现场勘测核对，如发现与图纸不符之处应立即与设计师联系解决。图中局部未标注尺寸及（ ）中尺寸为现场可调节尺寸，局部门洞、隔墙尺寸可由装修施工单位根据施工图调整，但须由设计师确认后方可施工。尺寸中字母，"EQ"为等量；"LQ"为放样点；"RE"为余量。

3.6 参见指做法相同，尺寸不同，凡图中节点做法与本说明所述做法有异者，均以本说明做法为准。

3.7 墙体及门窗洞口尺寸定位，除标注之外，均同原建筑设计。

3.8 图中所示的灯具，活动家具，艺术品，花盆等仅作示意，最终应根据专业设计方提供的白皮书作为依据，由建设方与设计方共同确定。其中灯具由专业厂商提供样品并进行点亮实验，灯具色温应严格按施工图设计的要求执行。

3.9 图中所示的出风口、回风口、喷淋、烟感、扬声器等设备末端的定位仅为设计阶段，原则上与灯具保持对齐或居中关系，施工时应由施工单位出具其施工安装定位图供建设方及各专业工程师共同确定。

3.10 本套施工图不包含需专业厂家配合设计的部分。

4、内装修材料

4.1 本工程选用的各种装修材料及产品，应根据设计方提供材料规格、品质、颜色等技术条件选用本工程的各种装饰材料及产品。由施工单位提供材料样板，并提供材料使用说明书及环保、合格证书、防火性能检测报告，如有进口产品应提供入境商品检验合格证明。经建设方、设计单位、监理单位确认后进行封样并据此进行施工验收。

4.2 设计人未指定的材料及设备，施工单位选用时除应符合国家现行产品标准外还应遵守：

4.2.1 优先使用可重复使用、可循环使用、可再生使用的产品及材料；

4.2.2 优先使用有先进节能、环保及改进室内空气质量技术的产品及材料；

4.2.3 严禁使用国家明令淘汰的产品及材料；

4.2.4 所有产品及材料需经建设方、监理方、设计方认可后方可进场安装。

4.3 对不具备防火、防蛀和防霉条件的装饰装修所用的材料应按要求进行处理。

4.4 现场配置的材料应按设计要求或产品说明书制作。

4.5 室内装修材料做法见：室内装饰装修材料配置编号表、主要材料表以及做法表。

5、防火设计

5.1 设计原则及设计依据

5.1.1 本工程设计遵循原建筑设计的防火分区、疏散楼梯、疏散距离、安全出口数量等各项防火措施。

5.1.2 本工程执行现行国家标准《建筑内部装修设计防火规范》GB50222-2017中对装修材料的燃烧性能等级要求的相关规定。建筑内部各部位装修材料的燃烧性能等级规定如表1所示。

表1　建筑内部各部位装修材料燃烧性能等级

建筑性质	装修材料燃烧性能等级							
	顶棚	墙面	地面	隔断	固定家具	装饰织物		其他装饰材料
	[illegible]	[illegible]	[illegible]	[illegible]		窗帘	帷幕	
一类建筑	A	A	A、B1	A、B1	B2	B1	B1	B1

5.2 装修施工注意事项

5.2.1 施工应符合《建筑内部装修防火施工及验收规范》GB50354的规定。

5.2.2 对进入施工现场具有防火设计要求的装饰装修材料，应核查其燃烧性能或耐火极限、防火性能检验报告、合格证等技术文件并填写进场验收记录。

5.2.3 每层应确保通向疏散楼梯的交通畅通，在安全出口处及疏散楼梯处，均设有疏散指示灯及明显标志，内装修不应妨碍消防和疏散走道的正常使用。

5.2.4 建筑内部消火栓不应被装饰物遮蔽，如果个别消火栓确实需要结合整体效果进行装饰处理，也应做成暗门，可开启，消火栓门上的标志图形应醒目，颜色应鲜明醒目。

5.2.5 当照明灯具的高温部位靠近非A级材料时，应采取隔热、散热等防火保护措施，灯饰所用材料的燃烧性能不应低于B1级。

5.2.6 变形缝两侧的基层采用A级材料。

5.2.7 配电箱应安装在不低于B1级的装修材料上。

5.2.8 火灾事故照明和疏散指示标志可采用蓄电池作备用电源。

5.2.9 其他施工工序、工艺应遵循国家有关消防规定。

6、防水工程

6.1 本工程中凡有给排水设备或水浸入的地面或墙面，均须做防水处理，其防水处理方式可根据实际位置按相关现行标准、规范的有关规定及构造做法进行防水施工。本工程中卫生间采用1.5厚聚合物水泥基防水涂料（刷2~3遍）做法，构造做法详见国家标准图集——《工程做法》05J909-LD16。

6.2 防水层在墙地交接处上翻不小于300。

6.3 防水工程应在地面、墙面隐蔽工程完毕并经验收合格后进行，其施工方法应符合国家现行标准、规范的有关规定及防水设计构造做法。

6.4 防水材料的性能应符合国家现行有关标准的规定，并应有产品合格证书。

6.5 防水工程应做不少于24h的蓄水试验，合格后办理隐蔽工程验收签证。

6.6 施工环境温度应符合防水材料的技术要求，并宜在5℃以上。

6.7 基层表面应平整，不得有松动、空鼓、起砂、开裂等缺陷，含水率应符合防水材料的施工要求。

6.8 地漏、套管、卫生洁具根部、阴阳角等部位，应先做防水附加层。

6.9 水泥砂浆保护层20厚，强度为M10。

7、施工注意事项

7.1 施工及验收应严格执行国家现行的有关施工验收规范，本工程所引用的标准图详图做法及选用的产品，施工应严格按相关图集说明及产品技术要求施工。

7.2 本工程所采用的建筑制品及建筑材料应具有生产或供应商出具的质量合格检验证明，材料的品种、规格、性能等应符合国家或行业相关质量标准。装修材料的材质、质感、色彩等应与设计人员协商决定。

7.3 严格按图施工，未经设计单位许可，施工中不得随意修改设计，施工中如发现图纸有矛盾或不详时，应及时通知设计单位，由设计单位出具设计变更通知。

7.4 现场施工过程中如遇重大的原则性修改，应经建设、设计、监理、施工四方确认后，形成补充合同文本或洽商，方可进行施工图修改设计。

7.5 施工单位对设计的变更或补充设计，均需得到设计师认可签字方为有效，必要时须得到建设方和监理方的书面认可。

7.6 关于施工过程中，涉及到材料的品牌、型号的变更，施工单位必须提供相关变更依据，并得到建设单位项目部确认后方可变更。

7.7 由于施工工艺的日益更新，凡是涉及到新的工艺在本工程中的使用，均必须得到建设方的确认后方可纳入使用范围，并需由设计师对工艺进行审查和配合。

图 3-1　施工图设计说明

编号	材料名称	表面处理	厚度	使用区域	施工图名称	燃烧性能
GB-纸面石膏板等材质						
GB-01	9.5㎜双层石膏板	白色乳胶漆	9.5㎜	步行街顶棚吊顶等	轻钢龙骨9.5厚双层纸面石膏板，面白色乳胶漆涂装	A级
GB-02	9.5㎜双层防潮石膏板	白色抗菌防潮乳胶漆	9.5㎜	所有卫生间和其他潮湿区域	轻钢龙骨9.5厚双层防潮纸面石膏板，面白色抗菌防潮乳胶漆涂装	A级
GB-03	12㎜双层石膏板	乳胶漆	12㎜	栏板	12厚双层纸面石膏板	A级
GB-04	12㎜防火纸面石膏板	乳胶漆	12㎜	防火隔墙部位	12厚防火纸面石膏板，面白色乳胶漆涂装	A级
GB-05	14㎜标准高晶板	白色，穿孔	14㎜	步行街局部设备表面造型顶	14厚白色穿孔标准高晶板	A级
GB-06	矿棉板	白色		后场天花吊顶	600×600矿棉板	A级
GL-玻璃等材质						
GL-01	透明钢化夹胶玻璃	透明	8+1.14PVB+8㎜	挑空区栏板玻璃	8+1.14PVB+8厚透明钢化夹胶玻璃	A级
GL-02	透明钢化夹胶玻璃	透明	6+1.14PVB+6㎜	观光电梯墙身、自动扶梯侧面栏板	6+1.14PVB+6厚透明钢化夹胶玻璃	A级
GL-03	透明钢化玻璃	透明	4+4㎜	挡烟垂壁	4+4钢化玻璃	A级
GL-04	镜面玻璃	抛光	5㎜	卫生间镜面	5厚镜面玻璃	A级
GL-05	透明钢化防火玻璃	透明	15㎜	步行街商铺玻璃隔断	15厚透明钢化防火玻璃	A级
GL-06	透明钢化防火玻璃	透明	12㎜	地下一层扶梯厅玻璃隔断	12厚透明钢化防火玻璃	A级
AD-填缝剂及粘结剂						
AD-01	瓷砖填缝剂	与瓷砖颜色匹配		瓷砖的接缝	瓷砖填缝剂	B1级
AD-02	玻璃、镜、金属的粘结剂	透明		玻璃、镜垫片	玻璃、镜及金属粘结剂	B1级
MT-不锈钢、铝板等材质						
MT-01	银灰色喷砂不锈钢	喷砂	1.2㎜	踢脚/扶手/入口门	1.2厚银灰色喷砂不锈钢	A级
MT-02	银色拉丝不锈钢	拉丝	3㎜	地面金属收边	50×50×3厚L型银色拉丝不锈钢	A级
MT-03	深灰色镜面不锈钢	镜面	1.5㎜	步行街商铺门面	1.5厚深灰色镜面不锈钢	A级
MT-04	不锈钢沟槽	银色喷砂		中庭观光电梯墙身	30×50×2壁厚不锈钢U型槽（按节点）	A级
MT-05	铝制通风格栅	配合亚光白色RAL9010		通风/回风/排烟格栅（天花）	亚光白色铝制格栅	A级
MT-06	铝制通风格栅	配合亚光白色RAL9010		通风/回风/排烟格栅（墙面）	亚光白色铝制格栅	A级
MT-07	铝单板	亚光白色9010，静电喷涂	2.5㎜	防火卷帘底面/自动扶梯侧底板	2.5厚亚光白色静电喷涂铝单板	A级
MT-08	银灰色喷砂不锈钢	喷砂	15㎜	扶手支撑	75×15厚实心银灰色喷砂不锈钢立撑	A级
MT-09	银色喷砂不锈钢扶手	30×80	0.7㎜	扶手	30×80×0.7壁厚银色喷砂不锈钢扶手	A级
MT-10	不锈钢扶手	银色喷砂，50×100	0.7㎜	圆形中庭观光电梯轿厢内扶手	50×100×0.7壁厚银色喷砂不锈钢扶手	A级
MT-11	镀锌钢支座结构	白色，面聚酯粉末喷涂		中庭观光电梯	50×100×2壁厚镀锌钢支座（按节点）	A级
MT-12	U型铝板（100×100）	喷涂，亚光白色0280	2.0㎜	一层D区运动潮牌馆公共区域顶面造型	100×100×2.0壁厚亚光白色铝方通（U型板）	A级
MT-13	不锈钢方管（20×30）	喷砂	0.7㎜	自动扶梯两侧防攀爬玻璃立杆	20×30银灰色喷砂不锈钢方管立杆	A级

图 3-2　材料做法表

灯具配置表

编号	D-1	D-2	D-3	D-4	D-5	D-6	D-7	D-8
名称	LED嵌入式射灯	LED嵌入式射灯	嵌入式LED筒灯	嵌入式LED筒灯	嵌入式LED筒灯	明装LED筒灯	明装LED射灯	明装LED立杆灯
图例								
规格尺寸	ø85×H61.5，开孔ø75	ø159×H161，开孔ø125	ø190×H109，开孔ø175	ø190×H90，开孔ø175	ø190×H90，开孔ø175	D100×W100×H140	ø211×H308	D50×W150×H2500mm
材质	铝合金	铝合金	铝材，白色+防眩圈	铝材，白色+防眩圈	铝材，白色+防眩圈	铝合金，白色+防眩圈	铝合金	[illegible]
光源	LED	LED	LED	LED	LED	LED	LED	LED
功率	9W	24W	24W	15W	24W	15W	65W	20W
光束角	24°	38°	50°					
外形效果（附图片）								
使用地点	[illegible]	L1~L4层步行街/电梯厅照明主要光源	B1F层步行街照明主要光源	B4F~B2F [illegible] / B1F~L4 [illegible]	B1F~L4 [illegible]	L3~L4 [illegible]	[illegible]	L2~L4 [illegible]
色温（光色）	2700K~3000K，暖白	3000K~3500K，暖白	3000K~3500K，暖白	3000K~3500K，暖白	3000K~3500K，暖白	3000K~3500K，暖白	3500K~4000K，中性色	3000K~3500K，暖白
								此款属特殊灯具，需专业供应商二次深化

编号	D-9	D-10	D-11	D-12	D-13	D-14	D-15	D-16
名称	嵌入式LED灯盘	LED-T5支架	单支[illegible]T5日光灯支架	LED软灯条	防潮式吸顶灯	防爆灯	装饰壁灯	明装条形LED线型灯
图例								
规格尺寸	598×598、475×475	[illegible]	L900×W20×H33	L900×W20×H33	φ350mm		φ50×H1100mm	L600×W50×H100/L1000×W50×H100
材质	铝+PC	铝+PC	铝+PC	铝+PC	冷轧钢板底板	铝	铝	铝
光源	LED	LED	LED-T5	LED-T5	LED-T5	LED	LED	LED
功率	36W	4~14W	12W	12W	20W	12W	12W	24W/36W
光束角								
外形效果（附图片）								
使用地点	L3层VIP [illegible]	[illegible]	UG1~L4 [illegible]	[illegible]	[illegible]	[illegible]	[illegible] B1F~L4 [illegible]	B1F [illegible] B2F~B4F [illegible]
色温（光色）	3000K~3500K，暖白	2700K~3000K，暖白	4000K，中性色	2700K~3000K，暖白	3500K~4000K，中性色	3500K~4000K，中性色	2700K~3000K，暖白	3000K~3500K，暖白
							此款属特殊灯具，需专业供应商二次深化	

注：1. 本统计表所列灯具类型、光源、用电量，为电气工种提供了工作条件，同时也为业主采购招标提供参考依据。

2. 表中所列部分常规灯具暂以业主方品牌库中推荐的一些品牌照明灯具厂商提供的图片为参照选型，并非指定某厂家、某产品，只有经业主方与设计方确认后方能作为正式文件提供工程承包商（或灯具供应商）编制白皮书之用。

3. 表中所列规格尺寸、材质、色温（光色）作为参考数据，应根据最终确认的品牌产品，可作适当调整，但应须符合业主方及设计师的要求。

4. 由业主方及设计师最终确认每件灯具外观、色温、尺寸等参数后，由专业供应厂商提供样品进行亮灯实验，待无误后进行成品定制、采购，并作为开孔安装之依据。

图 3-3 灯具配置表

卫生洁具及配件配置表

编号	SW-01	SW-02	SW-03	SW-04	SW-05	SW-06	SW-07	SW-08	SW-19	SW-10	SW-11	SW-12
名称	落地式坐便器	小便器	儿童坐便器	立柱盆	单柄坐便器用扶手	安全扶手	小便器用扶手	挂衣钩	手给皂器	感应烘手器	大卷纸盒	水龙头
规格尺寸		260*346*675		595*470*535mm	700*160mm		600*550*480mm		按最终选定的型号尺寸	245*154*470	按最终选定的型号尺寸	按最终选定的型号尺寸
材质	白瓷	白瓷	白瓷	白瓷		不锈钢		不锈钢	不锈钢		不锈钢	不锈钢
颜色	白色	白色	白色	白色		银色		银色	银色	白色	银色	银色
外形效果（附图片）												
使用地点	所有卫生间	男卫 残疾人卫生间	儿童卫生间	残疾人卫生间	残疾人卫生间	残疾人卫生间	残疾人卫生间	所有卫生间	所有卫生间	所有卫生间	所有卫生间	保洁间
数量	124	63	29	4	4	4	3	158	83	43	159	19
附注												

编号	SW-15	SW-16	SW-17	SW-18	SW-19	SW-20	SW-21	SW-22	SW-23	SW-24	SW-25	SW-26
名称	手动卫生间龙头	墙排水龙头	嵌入式手纸盒带垃圾桶	手纸盒（暗藏）	地漏	台下盆	横式婴儿换尿布台	台式婴儿换尿布台	小便感应器	儿童小便器	儿童化妆镜	立式烟灰筒
规格尺寸			350*150*1200mm	260*285*100mm		620*430mm	780*135（使用时560）*1145（950）mm		按最终选定的型号尺寸	40*32*16.5，mm	直径600，mm	D12*H175CM，重4KG.
材质	不锈钢	不锈钢	不锈钢	不锈钢	镀铬	白瓷						
颜色	银色	银色	银色	银色	银色	白色	白色		银色			
外形效果（附图片）												
使用地点	无障碍卫生间	所有卫生间	残疾人、母婴室卫生间	除残疾人卫生间外所有卫生间	所有卫生间	母婴室、残疾人卫生间	母婴室、家庭卫、男女卫生间	母婴室、家庭卫生间	所有男士卫生间	三楼儿童卫生间、vip卫生间	三楼儿童卫生间、vip卫生间	吸烟室
数量	4	74	17	75	92	28	30	10	78	15	15	17
附注												

图 3-4 卫生洁具及配件配置表

二、图纸文件内容

完整的施工图应该包括界面材料与设备位置、界面层次与材料构造、细部尺度与图案样式三个层次的内容。通过施工图的家具布置图、吊顶图、地面铺装图、强弱电布置图等平面图及立面图、剖面图来表现顶、地、墙的材料品种、构造、颜色、样式及尺寸。

（1）界面材料与设备位置在施工图里主要表现在平立面图中。与方案设计图不同的是，施工图里的平立面图主要表现地面、墙面、顶棚的构造样式，包括材料分解与搭配比例、尺寸与文字标注、设备管线点位等（图 3-5 ~ 图 3-7）。

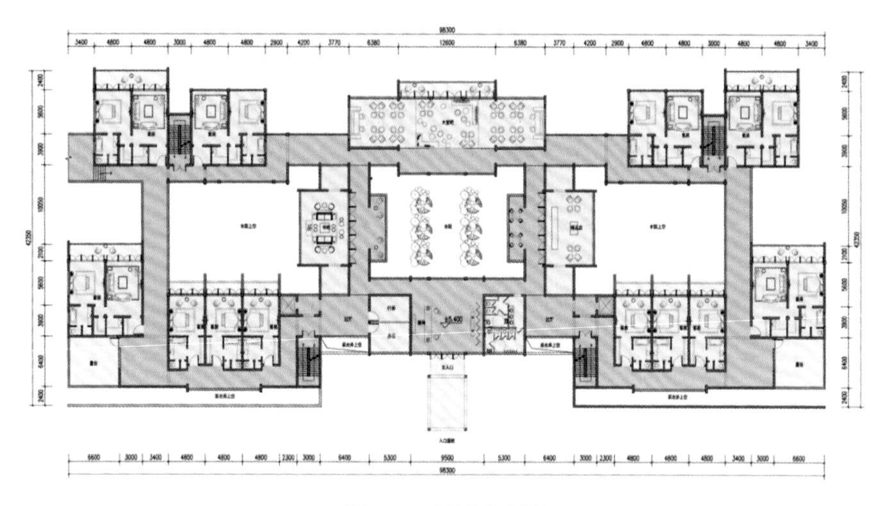

图 3-5　平面布置图

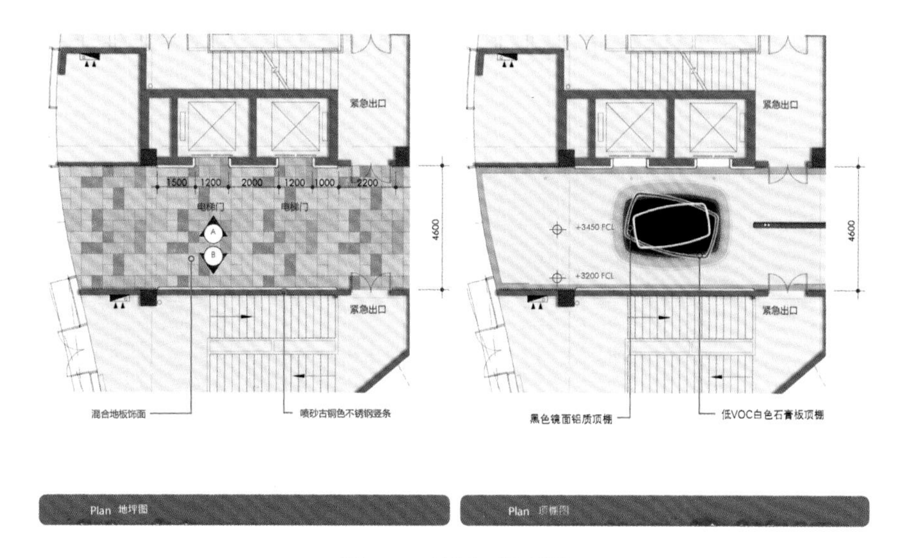

图 3-6　地坪、吊顶图

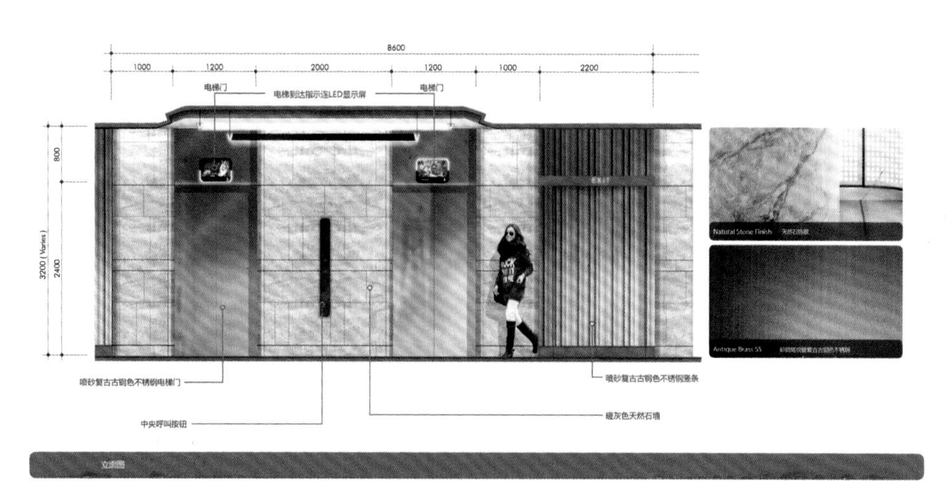

图 3-7　立面图

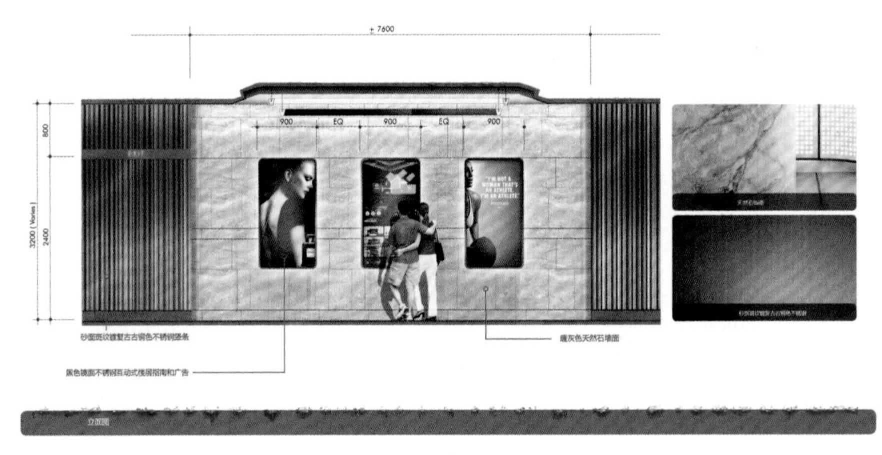

图 3-7 立面图（续）

（2）界面层次与材料构造在施工图里主要表现在剖面图中。这是施工图的主体部分，严格的剖面图应详细表现不同材料和材料与界面连接的构造。由于现代建筑的发展，不少材料都有着自己标准的安装方式，所以剖面图绘制主要侧重于剖面线的尺度推敲与不同材料衔接这两种方式（图 3-8）。

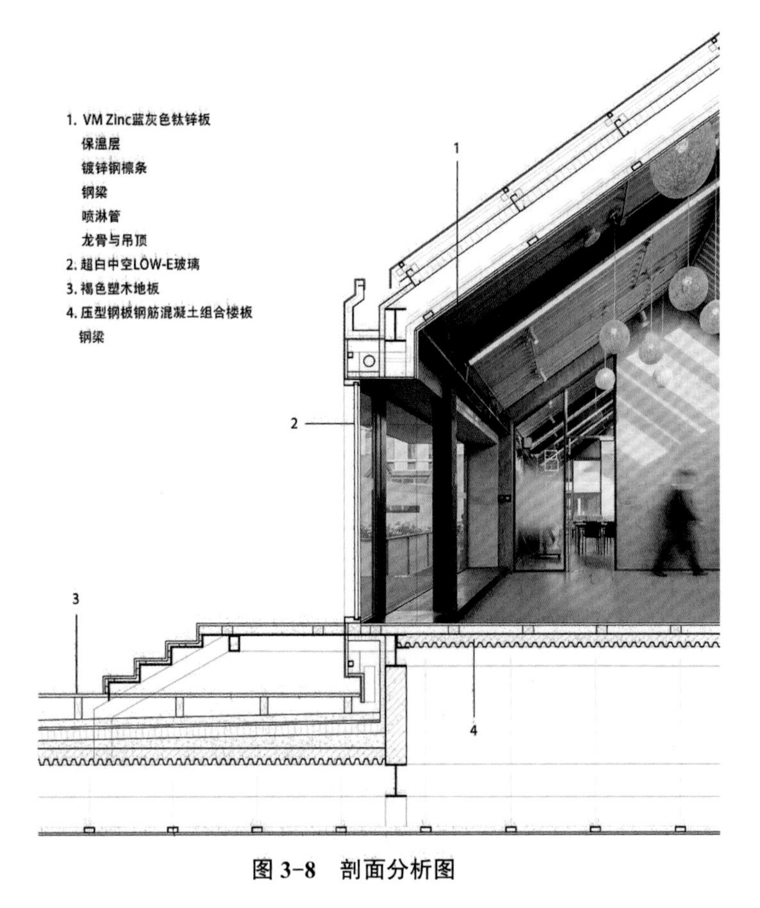

图 3-8 剖面分析图

（3）细部尺度与详图样式在施工图里主要表现在细部节点详图中。细部节点是剖面图的详解，细部尺寸多为不同界面的转折和不同材料衔接过渡的构造表现。图案样式多为平立面图中特定装饰图案的施工放样表现，自由曲线多的图案需要加注坐标网格，图案样式的施工放样图可根据实际情况决定相应的尺度比例（图 3-9、图 3-10）。

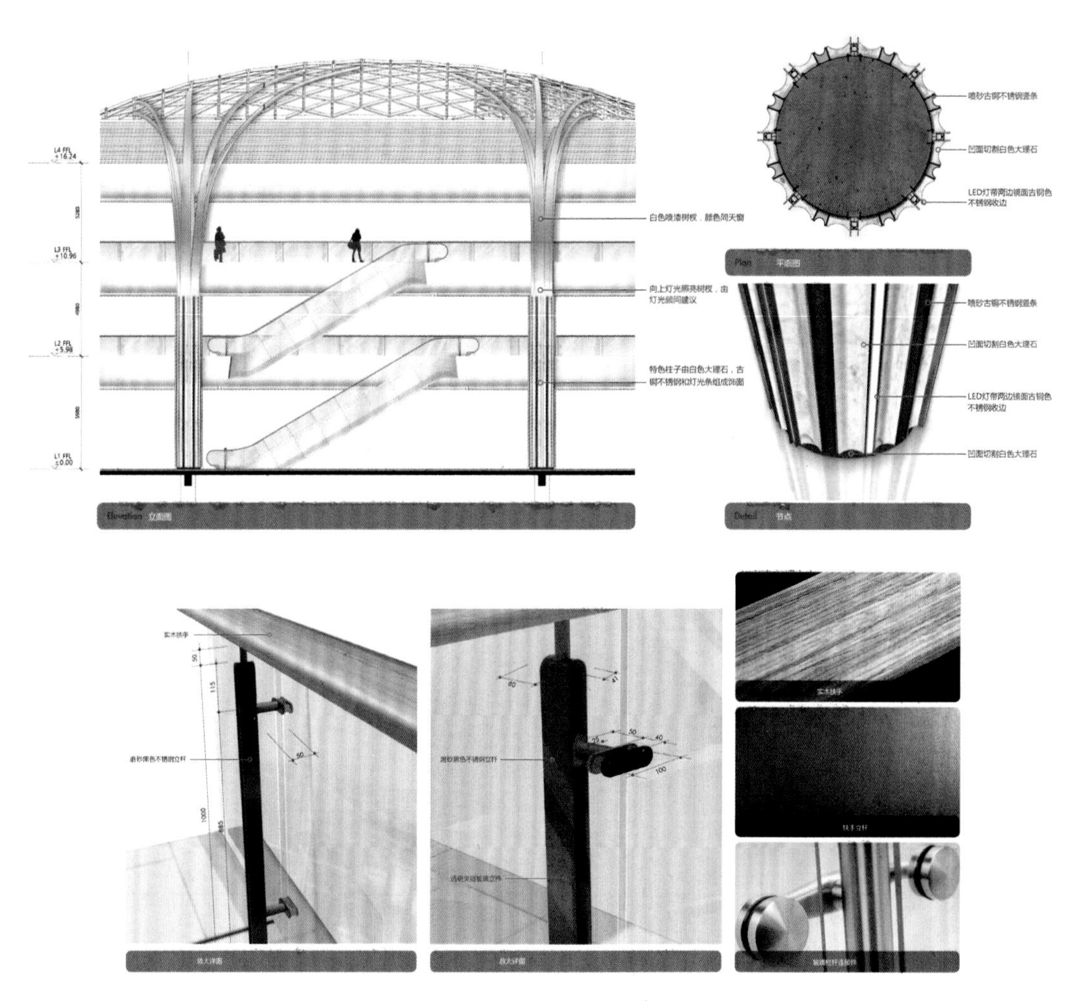

图 3-9 细部节点详图

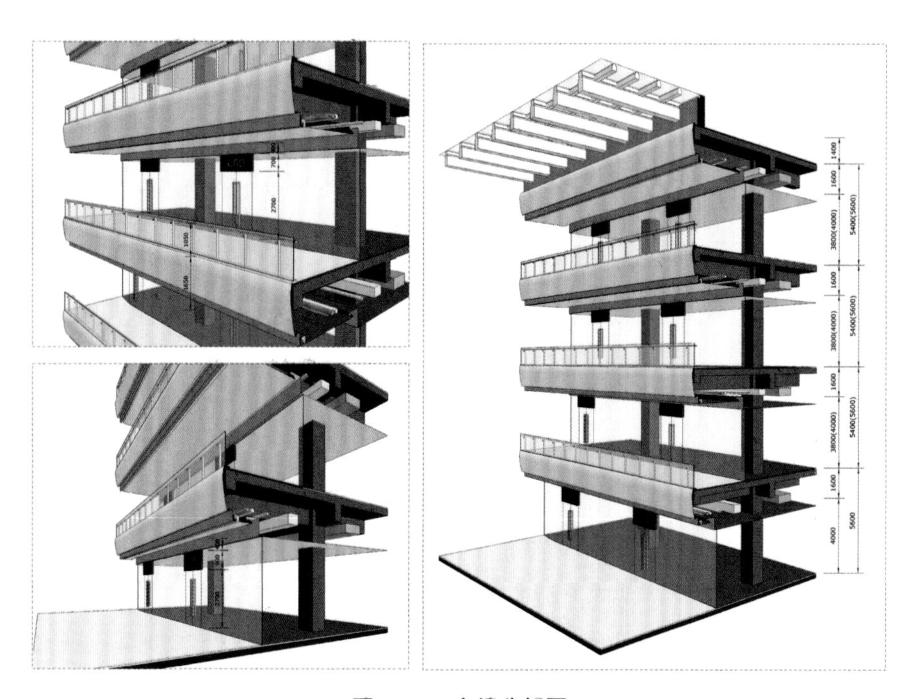

图 3-10 空间分析图

单元二 施工图制图标准

课件：施工图制图标准

《房屋建筑制图统一标准》（GB/T 50001—2017）经住房和城乡建设部批准发布，是为了统一房屋建筑制图规则，保证制图质量，提高制图效率，做到图面清晰、简明；符合设计、施工、审查、存档的要求，适应工程建设的需要制定的标准。制图统一标准的基本规定适用于总图、建筑、室内、结构、给水排水、暖通空调、电气等各专业制图。

一、图纸图幅

（1）图纸幅面及图框尺寸应符合表 3-1 的规定。

表 3-1 图纸幅面及图框尺寸 mm

幅面代号 / 走道长度	A0	A1	A2	A3	A4
b×*l*	841 × 1 189	594 × 841	420 × 594	297 × 420	210 × 297
c	10			5	
a	25				

注：表中，*b* 为幅面短边尺寸，*l* 为幅面长边尺寸，*c* 为图框线与幅面线间宽度，*a* 为图框线与装订边间宽度。

（2）图纸的短边尺寸不应加长，A0~A3 幅面长边尺寸可加长，但应符合表 3-2 的规定。

表 3-2 图纸长边加长尺寸 mm

幅面代号	长边尺寸	长边加长尺寸
A0	1 189	1 486（A0+1/4*l*） 1 635（A0+3/8*l*） 1 783（A0+1/2*l*） 1 932（A0+5/8*l*） 2 080（A0+3/4*l*） 2 230（A0+7/8*l*） 2 378（A0+1*l*）
A1	841	1 051（A1+1/4*l*） 1 261（A1+1/2*l*） 1 471（A1+3/4*l*） 1 682（A1+1*l*） 1 892（A1+5/4*l*） 2 102（A1+3/2*l*）
A2	594	743（A2+1/4*l*） 891（A2+1/2*l*） 1 041（A2+3/4*l*） 1 189（A2+1*l*） 1 338（A2+5/4*l*） 1 486（A2+3/2*l*） 1 635（A2+7/4*l*） 1 783（A2+2*l*） 1 932（A2+9/4*l*） 2 080（A2+5/2*l*）
A3	420	630（A3+1/2*l*） 841（A3+1*l*） 1 051（A3+3/2*l*） 1 261（A3+2*l*） 1 471（A3+5/2*l*） 1 682（A3+3*l*）

注：有特殊需要的图纸，可采用 *b*×*l* 为 841 mm × 891 mm 与 1 189 mm × 1 261 mm 的幅面。

（3）在一个工程设计中，每个专业所使用的图纸不宜多于两种幅面，不含目录及表格所采用的 A4 幅面。图纸中应有标题栏、图框线、幅面线、装订边线和对中标志。根据图纸的标题栏及装订边线的位置，图纸分横式和立式两种：图纸以长边作为水平边，称为横式；图纸以短边作为水平边，称为立式（图 3-11、图 3-12）。

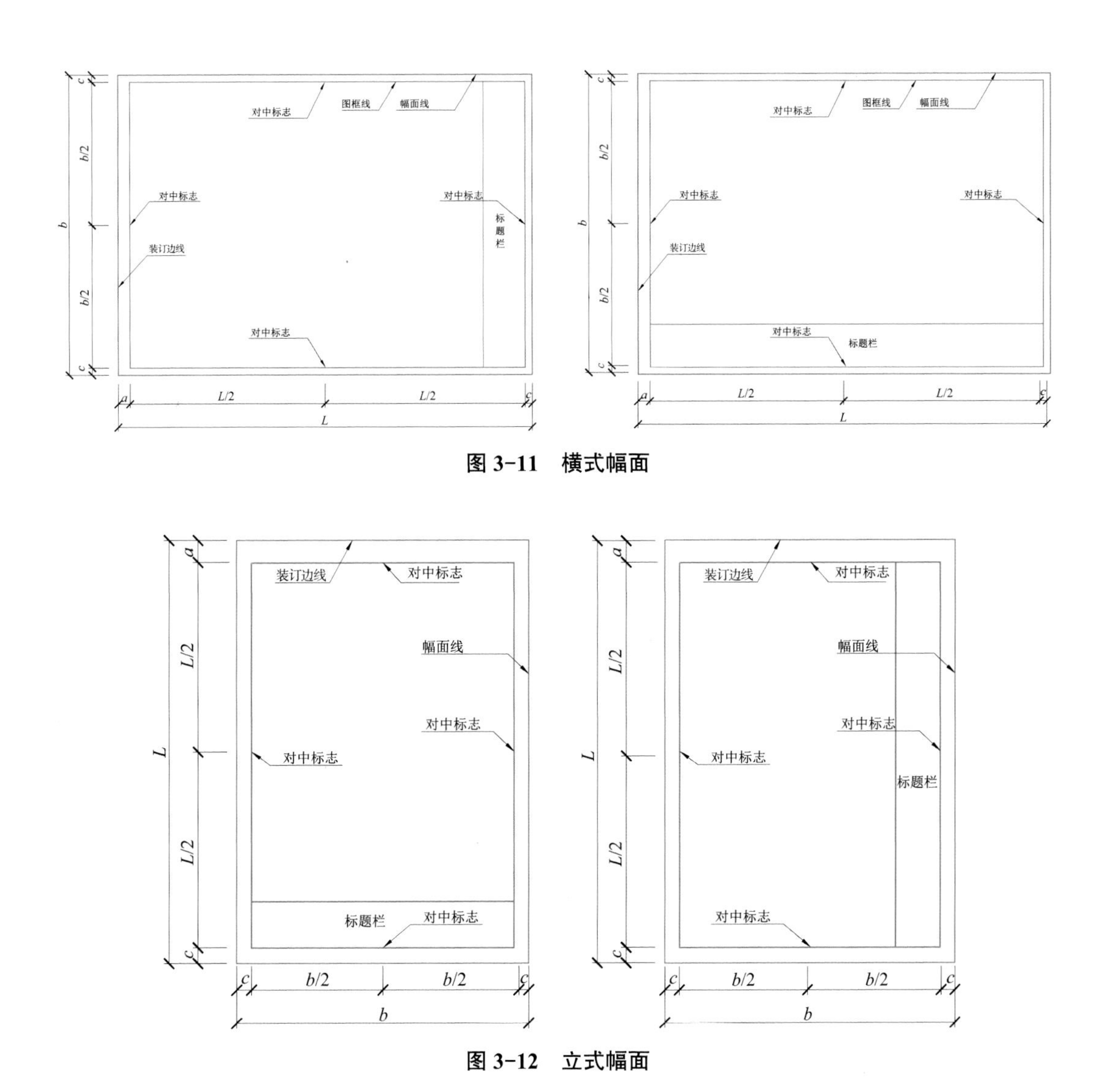

图 3-11　横式幅面

图 3-12　立式幅面

（4）标题栏应按图 3-13 所示，根据工程的需要选择确定其尺寸、格式及分区。签字栏应包括实名列和签名列。

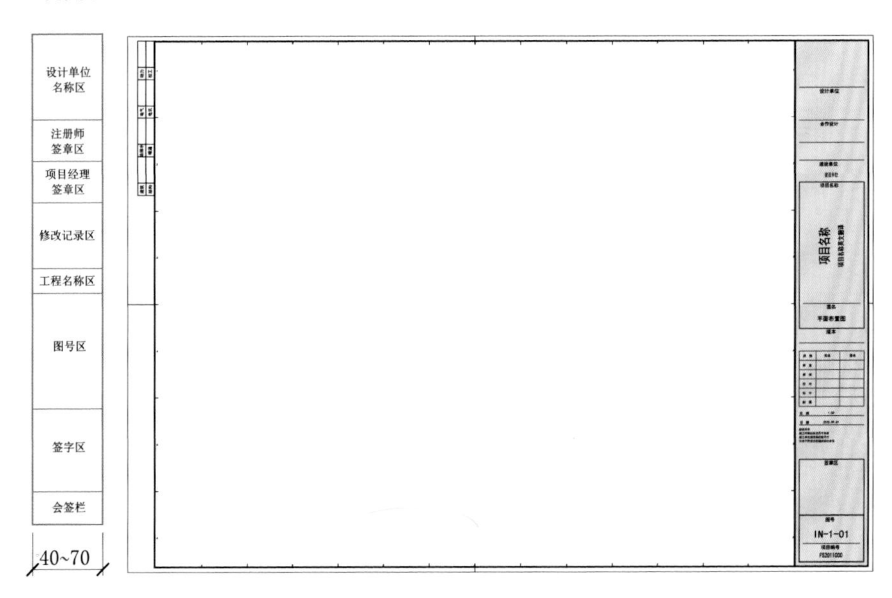

图 3-13　标题栏

（5）涉外工程的标题栏内，各项主要内容的中文下方应附有译文，设计单位的上方或左方应加“中华人民共和国”字样。

（6）在计算机制图文件中，当使用电子签名与认证时，应符合国家有关电子签名法的规定。

二、图线及尺寸标准

（1）图线的宽度 b，宜从 1.4、1.0、0.7、0.5、0.35、0.25、0.18、0.13（mm）线宽系列中选取。图线宽度不应小于 0.1 mm。每个图样应根据复杂程度与比例大小，先选定基本线宽 b，再选用表 3-3 中相应的线宽组。

表 3-3 线宽组 mm

线宽比	线宽组			
b	1.4	1.0	0.7	0.5
$0.7b$	1.0	0.7	0.5	0.35
$0.5b$	0.7	0.5	0.35	0.25
$0.25b$	0.35	0.25	0.18	0.13

注：1. 需要缩微的图纸，不宜采用 0.18 mm 及更细的线宽。
2. 同一张图纸内，各不同线宽中的细线，可统一采用较细的线宽组的细线。

（2）工程建设制图应选用表 3-4 所示的图线。同一张图纸内，相同比例的各图样应选用相同的线宽组。

表 3-4 图线

名称		线型	线宽	一般用途
实线	粗		b	主要可见轮廓线
	中粗		$0.7b$	可见轮廓线
	中		$0.5b$	可见轮廓线、尺寸线、变更云线
	细		$0.25b$	图例填充线、家具线
虚线	粗		b	见各有关专业制图标准
	中粗		$0.7b$	不可见轮廓线
	中		$0.5b$	不可见轮廓线、图例线
	细		$0.25b$	图例填充线、家具线
单点长画线	粗		b	见各有关专业制图标准
	中		$0.5b$	见各有关专业制图标准
	细		$0.25b$	中心线、对称线、轴线等
双点长画线	粗		b	见各有关专业制图标准
	中		$0.5b$	见各有关专业制图标准
	细		$0.25b$	假想轮廓线、成型前原始轮廓线
折断线	细		$0.25b$	断开界线
波浪线	细		$0.25b$	断开界线

（3）图纸的图框线和标题栏线可采用表 3-5 所示的线宽。

表 3-5　图框线、标题栏线的宽度　mm

幅面代号	图框线	标题栏外框线	标题栏分格线
A0、A1	*b*	0.5*b*	0.25*b*
A2、A3、A4	*b*	0.7*b*	0.35*b*

（4）互相平行的尺寸线，应从被注写的图样轮廓线由近向远整齐排列，较小尺寸应离轮廓线较近，较大尺寸应离轮廓线较远。图样轮廓线以外的尺寸界线，距图样最外轮廓之间的距离，不宜小于 10 mm。平行排列的尺寸线的间距宜为 7~10 mm，并应保持一致。总尺寸的尺寸界线应靠近所指部位，中间的分尺寸的尺寸界线可稍短，但其长度应相等（图 3-14）。

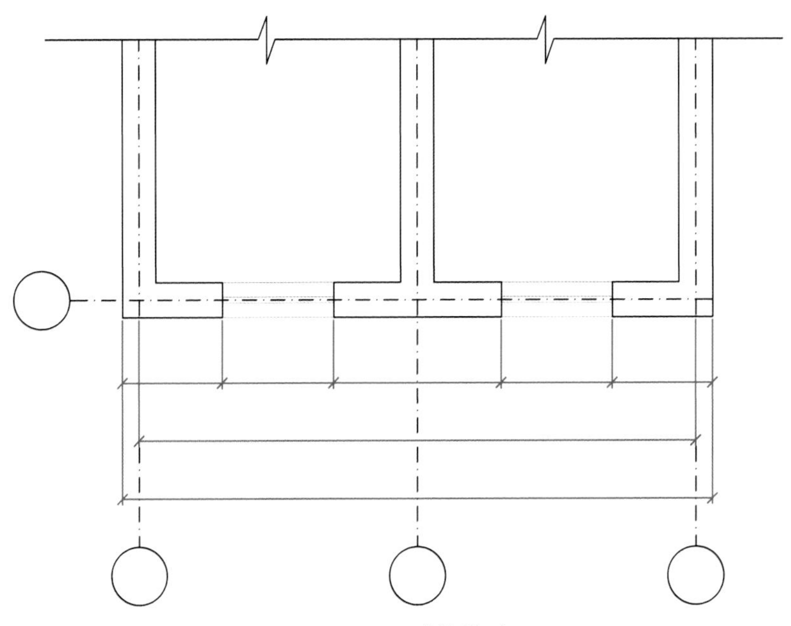

图 3-14　尺寸的排列

（5）尺寸界线应用细实线绘制，应与被注长度垂直，其一端离开图样轮廓线不应小于 2 mm，另一端宜超出尺寸线 2 mm。图样轮廓线可用作尺寸界线。尺寸数字一般应依据其方向，注写在靠近尺寸线的上方中部。如没有足够的注写位置，最外边的尺寸数字可注写在尺寸界线的外侧，中间相邻的尺寸数字可上下错开注写，引出线端部用圆点表示标注尺寸的位置（图 3-15）。

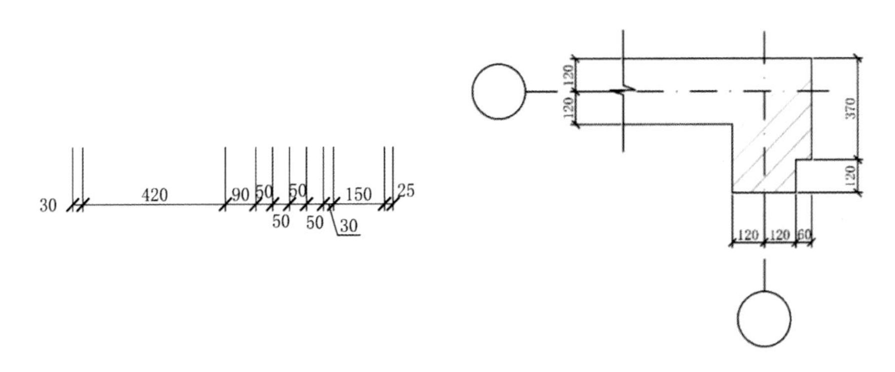

图 3-15　尺寸标注

（6）半径的尺寸线应一端从圆心开始，另一端画箭头指向圆弧。半径数字前应加注半径符号“R”。标注圆的直径尺寸时，直径数字前应加直径符号“ϕ”。在圆内标注的尺寸线应通过圆心，两端画箭头指至圆弧。标注圆弧的弧长时，尺寸线应以与该圆弧同心的圆弧线表示。尺寸界线应指向圆心，起止符号用箭头表示，弧长数字上方应加注圆弧符号（图3-16）。

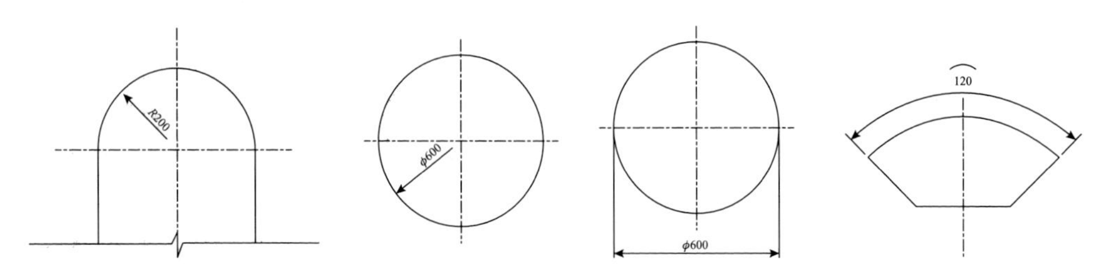

图3-16 标注方法

（7）标高符号的尖端应指至被注高度的位置。尖端宜向下，也可向上。标高数字应注写在标高符号的上侧或下侧。标高数字应以米为单位，注写到小数点以后第三位。在总平面图中，可注写到小数点以后第二位。零点标高应注写成 ±0.000，正数标高不注“+”，负数标高应注“-”，如3.000、-0.600。在图样的同一位置需表示几个不同标高时，标高数字可按大小从上往下依次注写（图3-17）。

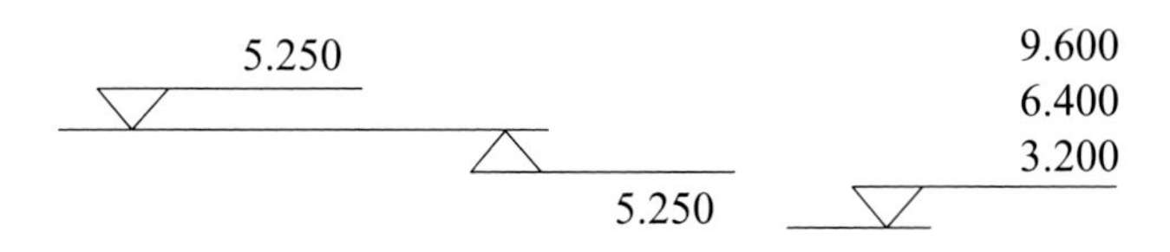

图3-17 标高数字的指向

三、字体及比例

（1）图纸上所需书写的文字、数字或符号等，均应笔画清晰、字体端正、排列整齐，标点符号应清楚、正确。

（2）文字的字高应从表3-6中选用。字高大于10 mm的文字，宜采用True type字体；当需书写更大的字时，其高度应按$\sqrt{2}$的倍数递增。

表3-6 文字的字高 mm

字体种类	中文矢量字体	True type 字体及非中文矢量字体
字高	3.5、5、7、10、14、20	3、4、6、8、10、14、20

（3）图样及说明中的汉字，宜采用长仿宋体或黑体，同一图纸字体种类不应超过两种。长仿宋体的高宽关系应符合表3-7的规定，黑体字的宽度与高度应相同。大标题、图册封面、地形图等的汉字，也可书写成其他字体，但应易于辨认。

表3-7 长仿宋字高宽关系 mm

字高	20	14	10	7	5	3.5
字宽	14	10	7	5	3.5	2.5

（4）图样及说明中的拉丁字母、阿拉伯数字与罗马数字，宜采用单线简体或 ROMAN 字体。拉丁字母、阿拉伯数字与罗马数字的书写规则应符合表 3–8 的规定。

表 3–8 拉丁字母、阿拉伯数字与罗马数字的书写规则

书写格式	字体	窄字体
大写字母高度	h	h
小写字母高度（上、下均无延伸）	7/10h	10/14h
小写字母伸出的头部或尾部	3/10h	4/14h
笔画宽度	1/10h	1/14h
字母间距	2/10h	2/14h
上、下行基准线的最小间距	15/10h	21/14h
词间距	6/10h	6/14h

（5）拉丁字母、阿拉伯数字与罗马数字，如需写成斜体字，其斜度应是从字的底线逆时针向上倾斜 75°。斜体字的高度和宽度应与相应的直体字相等。拉丁字母、阿拉伯数字与罗马数字的字高不应小于 2.5 mm。

（6）数量的数值注写，应采用正体阿拉伯数字。但凡各种计算单位前面有量值的，均应采用国家颁布的单位符号注写。单位符号应采用正体字母。分数、百分数和比例数的注写，应采用阿拉伯数字和数学符号。当注写的数字小于 1 时，应写出个位的“0”，小数点应采用圆点，齐基准线书写。长仿宋汉字、拉丁字母、阿拉伯数字与罗马数字示例应符合《技术制图—字体》（GB/T 14691—1993）等的有关规定。

（7）图样的比例，应为图形与实物相对应的线性尺寸之比。比例的符号应为“：”，比例应以阿拉伯数字表示。比例宜注写在图名的右侧，字的基准线应取平；比例的字高宜比图名的字高小一号或二号（图 3–18）。

平面布置图 1:100

图 3–18 比例的注写

（8）绘图所用的比例应根据图样的用途与被绘对象的复杂程度，从表 3–9 中选用，应优先采用表 3–9 中的常用比例。

表 3–9 绘图所用的比例

常用比例	1:1、1:2、1:5、1:10、1:20、1:30、1:50、1:100、1:150、1:200、1:500、1:1 000、1:2 000
可用比例	1:3、1:4、1:6、1:15、1:25、1:40、1:60、1:80、1:250、1:300、1:400、1:600、1:1 500、1:5 000、1:10 000、1:20 000

（9）一般情况下，一个图样应选用一种比例。根据专业制图的需要，同一图样可选用两种比例。在特殊情况下也可自选比例，这时除应注出绘图比例外，还必须在适当位置绘制出相应的比例尺。

四、符号及轴线

（1）剖切位置线的长度宜为 6~10 mm；剖视方向线应垂直于剖切位置线，长度应短于剖切位置线，宜为 4~6 mm，也可采用国际统一和常用的剖视方法。绘制时，剖视的剖切符号不应与其他图线接触（图 3-19）。

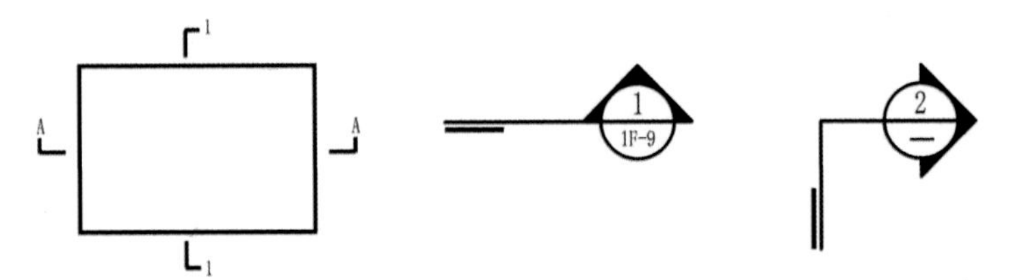

图 3-19 剖视的剖切符号

（2）图样中的某一局部或构件，如需另见详图，应以索引符号索引。索引符号由直径为 8~10 mm 的圆和水平直径组成，圆及水平直径应以细实线绘制。如果索引符号用于索引剖面详图，那么应该在被剖切的部位绘制剖切位置线，并以引出线引出索引符号。引出线所在的一侧应为剖视方向（图 3-20）。

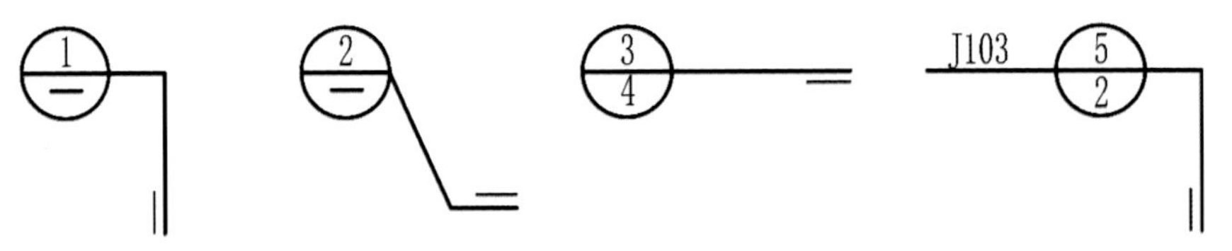

图 3-20 用于索引剖面详图的索引符号

（3）详图的位置和编号，应以详图符号表示。详图符号的圆应以直径为 14 mm 的粗实线绘制。详图与被索引的图样同在一张图纸内时，应在详图符号内用阿拉伯数字注明详图的编号。详图与被索引的图样不在同一张图纸内时，应用细实线在详图符号内画一水平直径线，在上半圆中注明详图编号，在下半圆中注明被索引的图纸的编号（图 3-21）。

图 3-21 详图符号

（4）引出线应以细实线绘制，宜采用水平方向的直线，与水平方向成 30°、45°、60°、90°的直线，或经上述角度再折为水平线。文字说明宜注写在水平线的上方［图 3-22（a）］，也可注写在水平线的端部［图 3-22（b）］。索引详图的引出线应与水平直径线相连接［图 3-22（c）］。

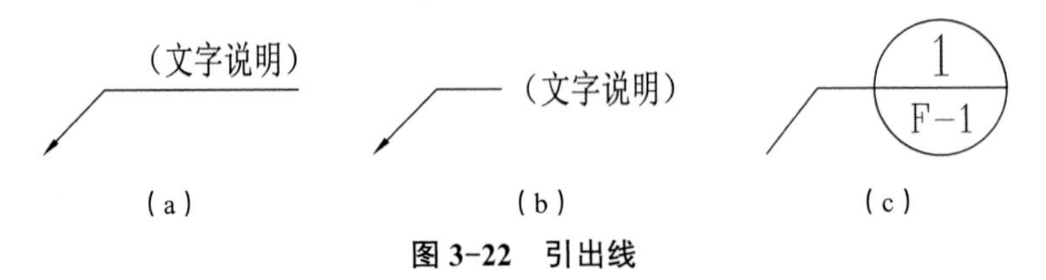

图 3-22 引出线

（a）文字说明注在水平线上方；（b）文字说明注在水平线端部；（c）引出线与水平直径线相连接

（5）多层构造共用引出线，应通过被引出的各层，并用圆点示意对应各层次。文字说明宜注写在水平线的上方，或注写在水平线的端部，说明的顺序应由上至下，并应与被说明的层次对应一致；如层次为横向排序，则由上至下的说明顺序应与由左至右的层次对应一致（图 3-23）。

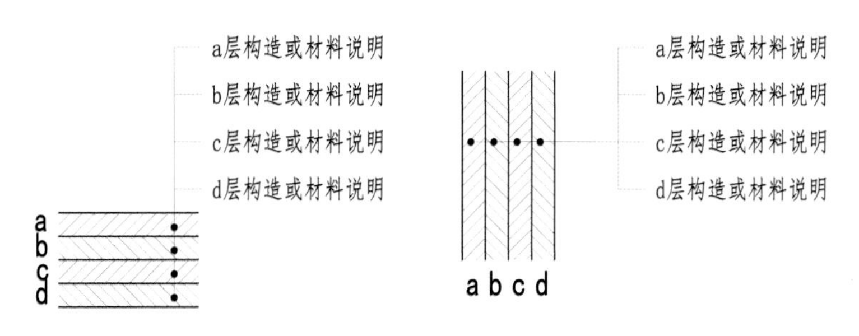

图 3-23　多层共用引出线

（6）定位轴线应编号，编号应注写在轴线端部的圆内。圆应用细实线绘制，直径为 8~10 mm。定位轴线圆的圆心应在定位轴线的延长线或延长线的折线上。除较复杂需采用分区编号或圆形、折线形外，平面图上定位轴线的编号宜标注在图样的下方或左侧。横向编号应用阿拉伯数字，从左至右顺序编写；竖向编号应用大写拉丁字母，从下至上顺序编写。拉丁字母作为轴线号时，应全部采用大写字母，不应采用同一个字母的大小写来区分轴线号。拉丁字母的 I、O、Z 不得用作轴线编号。当字母数量不够使用，可增用双字母或单字母加数字注脚。组合较复杂的平面图中，定位轴线也可采用分区编号（图 3-24）。

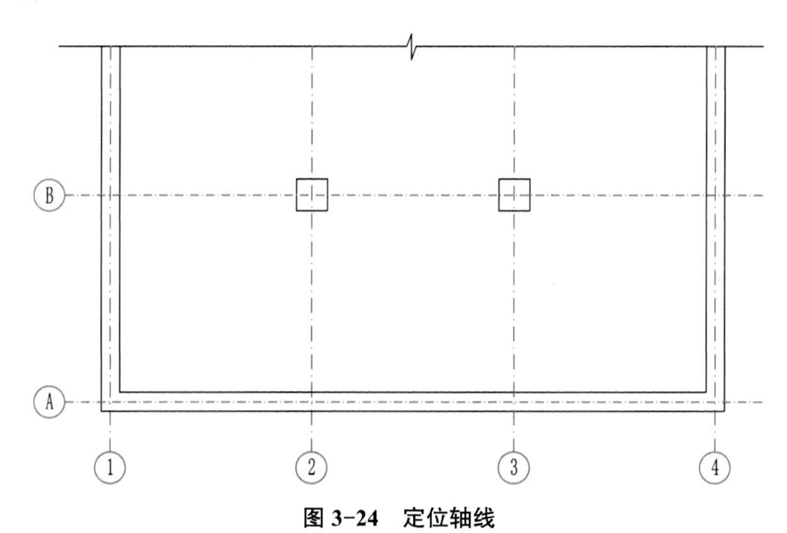

图 3-24　定位轴线

设计图纸是进行施工的重要基础，是施工的灵魂，其贯穿施工的整个过程。只有做好施工图设计，才能够让工程建设更加美丽、高效，才能够让工程质量得以保证。因此，设计人员需要对设计图纸予以高度重视，精准把握设计图纸的各项要求，领会设计图纸的意图，通过标准化制度的构建，提升图纸设计的精准度。

施工图设计是建筑行业规范化管理的重要组成部分，也是高校相关专业制图课程不容忽视的教学内容。为了促进建筑装饰行业的规范化管理，加速工程语言的统一，应重视学校专业人才的培养。在制图课程教学中，应始终贯彻和强调国家制图标准的应用，强化学生的国标意识，培养学生严格遵循国家制图标准的职业观和工作责任感。

施工图设计图例说明见表 3-10 ~ 表 3-12。

表 3-10 施工图设计图例说明（索引符号）

索引名称	图例	索引名称	图例
立面索引	E1 E4 1.1-E01 E2 E3；E1 1.1-E01；E1 1.1-E01 E2 1.1-E01 E3 1.1-E02 E4 1.1-E02	轴号	① ② ③ 0/10 Ⓐ Ⓑ Ⓒ 1/F
		铺装起始点	
剖面索引	D01 1.1-D01；D01 1-D01	顶面标高	CH 3.000
		顶面标高 + 主材索引	CH 3.000 PT 01 白色乳胶漆
大样索引	D01 1.1-D01；D01 1-D01	地面标高	±0.000
门索引	M01 1M-M-01；M01 M-01	立面标高	2.400
区域索引	FF 1.1-P01	墙体转折符号	
物料索引	FR 01 多人沙发；AR 01 艺术品；BDG 01 床上用品；CA 01 块毯；CU 01 窗帘；DL 01 灯具；FR 01 家具；SSP 01 开关、插座面板；SW 01 洁具；HW 01 五金；KIT 01 厨房设备；PLT 01 植物	居中符号	
主材索引	WD 01 木饰面；CA 01 地毯；CT 01 瓷砖；CU 01 窗帘；FA 01 布艺/皮革；GL 01 玻璃；LP 01 防火板；MT 01 金属；MC 01 金属复合板；MO 01 马赛克；MR 01 镜镜；ST 01 石材/人造石；WC 01 墙纸	对称符号	
版本	版本一：；版本二：	剖断线	
延搁记号		坡度	i=2%

表 3-11 施工图设计图例说明（填充符号）

填充符号	说明	填充符号	说明	填充符号	说明
隔墙类填充符号的表示及说明		立面填充符号的表示及说明		剖面填充符号的表示及说明	
ANSI31	砖墙体结构	AA大理石深SC800	石材、云石片（一）	CROSS	（剖）石膏板
CROSS	轻钢龙骨隔墙石青板	石材纹理	石材、云石片（二）	AN钢筋混凝土SC10	（剖）钢筋混凝土墙体结构
ANSI32	钢架结构隔墙	AR-CONC	深色石材	FB木纹中SC300	（剖）实木线条、实木收口
ANSI37	泰柏板隔墙	AR-BRSTD	砖砌面	ANSI33	（制）石材、GFC 挂件
HONEY	CRC 板隔墙	FB木纹中SC300	有花纹木饰面（一）	ANSI31	（剖）瓷砖、马赛克
平面填充符号的表示及说明		FA木纹深SC1000	有花纹木饰面（二）	ANSI32	（剖）金属
AN钢筋混凝土SC10	（平、剖）钢筋混凝土墙体结构				
木地板	（平）木地板	DD地毯1SC500	皮革、织物软硬包	CORK	（剖）密度板、复合板、夹板 （剖）刨花板、木丝板、定向 OSB 板

续表

填充符号	说明	填充符号	说明	填充符号	说明
隔墙类填充符号的表示及说明		立面填充符号的表示及说明		剖面填充符号的表示及说明	
DD地毯1SC500	（平）地毯	AR-RROOF	清玻璃、镀膜玻璃钢化玻璃	ANSI33	（剖）玻镁板、水泥压力板、埃特板
AH毛石砌体SC100	（平）毛石	AR-SAND AR-RROOF	磨砂玻璃	AR-CONC	（剖）水泥砂浆、水泥板
GRAVEL	（平）毛石	ANSI32	金属	HONEY	（剖）密封胶、蜂窝板
AA大理石深SC800	（平）石材、云石片（一）	DOTS	壁纸（一）	HEX	（剖）软包、防火隔声岩棉、泡沫层
石材纹理	（平）石材、云石片（二）	GRASS	壁纸（二）	ZIGZAG	（剖）玻璃、银镜、灯片
AR-CONC	（平）深色石材	MUDST	壁纸（三）	FJ细木工板SC1.PAT	（剖）细木工板

表 3-12　施工图设计图例说明（开关插座、空调、消防图例）

图例	说明	图例	说明
	二极 / 三极单相插座		单联单控开关
	二极 / 三极带开关插座		双联单控开关
	刮须插座		三联单控开关
F	墙面防潮插座	t	单极限时开关
K	墙面空调插座		多位单极开关
	地面插座		双控单极开关
	吊顶插座	IR	红外线感应开关（吸顶）
	墙面安装接线盘（平面）		调光开关
	门铃 / 免打扰、清理指示		调速开关
	呼叫铃	s	声光控延时开关（吸顶）
	音量调节开关		微动开关
TP	墙面安装电话插座	B	门铃

续表

图例	说明	图例	说明
TP	地面安装电话插座		插卡取电开关
TV	墙面安装电视插座	AC	空调控制开关
TV	地面安装电视插座	TV	电视控制面板
TO	墙面安装计算机信息插座	CS	电动窗帘开关
TO	地面安装计算机信息插座		紧急呼叫按钮
A/S	条形出风口	C	顶面安装消防广播
A/R	条形回风口	W	墙面安装消防广播
A/S A/R	方形出风口、方形回风口		扬声器
A/S A/R	圆形出风口、圆形回风口		顶部安装喷淋器
	换气扇（顶面）		墙面安装喷淋器
A/S	侧向出风口		感烟探测器
			感温探测器
A/R	侧向回风口		可燃气体探测器
			手动报警按钮
A/E	侧排气风口		消火栓按钮
			雷达感应器（顶面安装）
	风向	E	安全出口
T	风机盘管调节开关		疏散指示（单方向）
	四出风吸顶式空调		疏散指示（双方向）
			应急照明灯
			消火栓

单元三 项目实训

项目实训任务

实训任务书	
实训项目	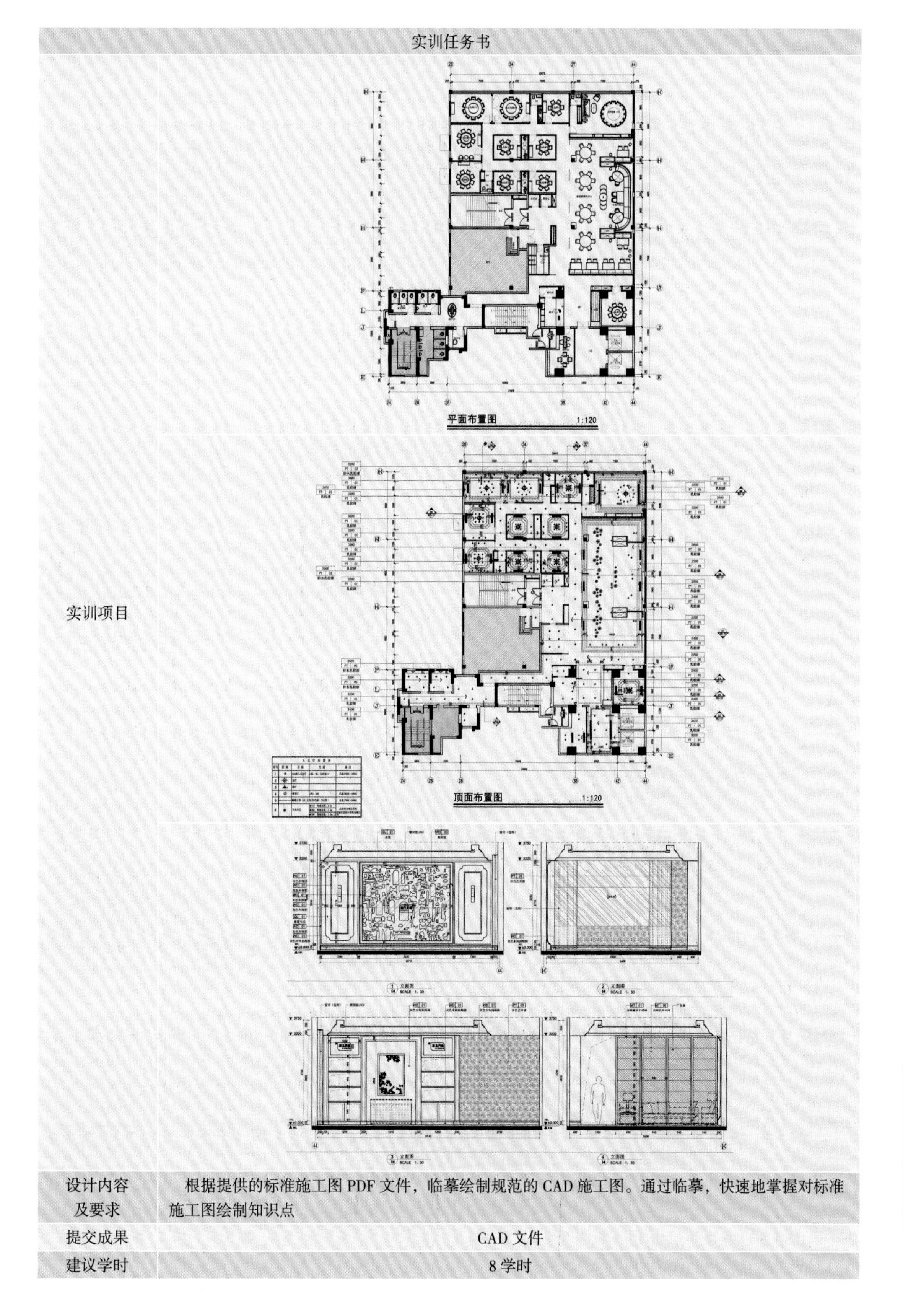
设计内容及要求	根据提供的标准施工图 PDF 文件，临摹绘制规范的 CAD 施工图。通过临摹，快速地掌握对标准施工图绘制知识点
提交成果	CAD 文件
建议学时	8 学时

MODULE FOUR

公共建筑空间设计防火规范

教学目标

1. 知识目标

（1）掌握不同类型的公共建筑消防规范的基础知识。

（2）掌握公共建筑空间防火设计的必要基础理论。

2. 能力目标

（1）能进行公共建筑空间的消防设计。

（2）会公共建筑空间疏散宽度及距离的计算。

3. 素质目标

培养严谨的消防规范意识和良好的设计安全意识。

教学内容

（1）建筑分类和耐火等级。

（2）公共建筑空间防火规范。

（3）公共建筑空间专项规范。

（4）公共建筑空间安全疏散。

教学重点

（1）公共建筑空间消防设计的强制规范。

（2）公共建筑空间消防设计的计算方法。

随着经济的发展，人们对建筑空间的要求不仅停留在可供居住的基础层面上，而是开始不断提高对建筑质量的要求，在建筑质量中防火安全占了很大的比重。在公共建筑空间中，一旦发生火灾便会造成严重的人员伤亡和经济损失。因此，为了最大限度地保障人员安全，需对公共建筑防火设计常见的问题和设计标准加以全面了解，确保建筑消防设计的科学性、合理性，使居民的生活和安全得到保障，减少不必要的灾害和损失。

随着现代科学技术不断更新和进步，公共建筑逐渐朝着复杂化、多元化、综合化的方向发展。高层建筑、超高层建筑的出现，增加了建筑火灾的防控难度，需要积极采用切实有效、科学合理的方式和手段加以应对，更好地控制火灾险情，保障公共建筑的安全性和可靠性。《建筑设计防火规范（2018 年版）》（GB 50016—2014）在此基础上孕育而生，在遵循国家基本建设的政策上，贯彻“预防为主，防消结合”的消防工作方针，深刻吸取了近年来的一些重特大火灾事故的教训，针对国内外建筑防火设计实践经验和具体的消防科技成果进行全面细致的总结。这为保证公共建筑空间设计项目的消防安全、推进建筑及室内防火设计工作的顺利开展奠定了一定基础。本模块就是在《建筑设计防火规范（2018 年版）》（GB 50016—2014）的基础上进行研究，在公共建筑空间设计防火的内容及方法方面进行深入的探讨。

单元一　建筑分类和耐火等级

建筑防火设计是一种工程行为，是指结合建筑物的火灾防治要求，用一定的方法、按照一定的步骤确定建筑物防火措施的行动。防火设计规范则是指导、管理建筑防火设计工作的法规或规定。想要了解公共建筑空间设计防火规范，就要先了解民用建筑（房屋建筑物和附属构筑物）设施的规划、勘察、设计与施工等各项技术工作及工程实体。民用建筑是指非生产性的住宅建筑和公共建筑，是由若干个大小不等的室内空间组合而成的供人们居住、生活和进行社会活动的建筑物。

课件：建筑分类和耐火等级

一、建筑分类

微课：民用建筑的分类

民用建筑按功能可分为住宅建筑和公共建筑；根据建筑高度和层数可分为单、多层民用建筑和高层民用建筑。高层民用建筑根据其建筑高度、使用功能和楼层的建筑面积可分为一类和二类。民用建筑的分类应符合表 4-1 的规定（图 4-1 ~ 图 4-3）。

表 4-1　民用建筑的分类

名称	高层民用建筑		单、多层民用建筑
	一类	二类	
住宅建筑	建筑高度 >54 m 的住宅建筑	建筑高度 >27 m，但 ≤ 54 m 的住宅建筑	建筑高度≤ 27 m 的住宅建筑
公共建筑	1. 建筑高度 >50 m 的公共建筑； 2. 建筑高度 24 m 以上部分任一楼层建筑面积 >1 000 m² 的商店，展览、电信、邮政、财贸金融建筑和其他多种功能组合的建筑； 3. 医疗建筑、重要公共建筑、独立建造的老年人照料设施； 4. 省级及以上的广播电视和防灾指挥调度建筑、网局级和省级电力调度建筑； 5. 藏书超过 100 万册的图书馆、书库	除一类高层公共建筑外的其他高层公共建筑	1. 建筑高度 >24 m 的单层公共建筑； 2. 建筑高度≤ 24 m 的其他公共建筑

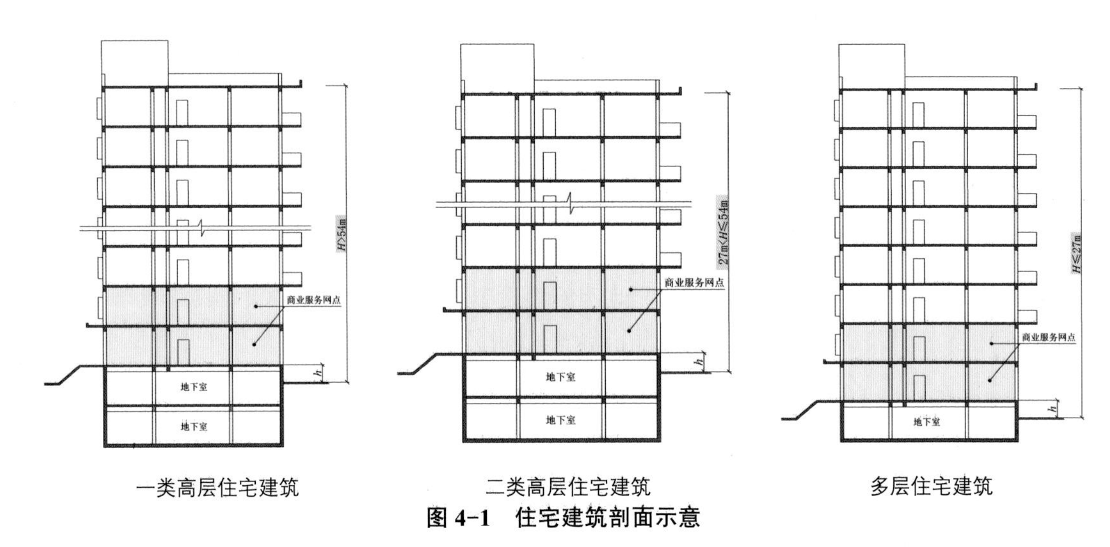

图 4-1 住宅建筑剖面示意

注：*h* 为室内外高差或建筑的地下或半地下室的顶板面高出室外设计地面的高度。

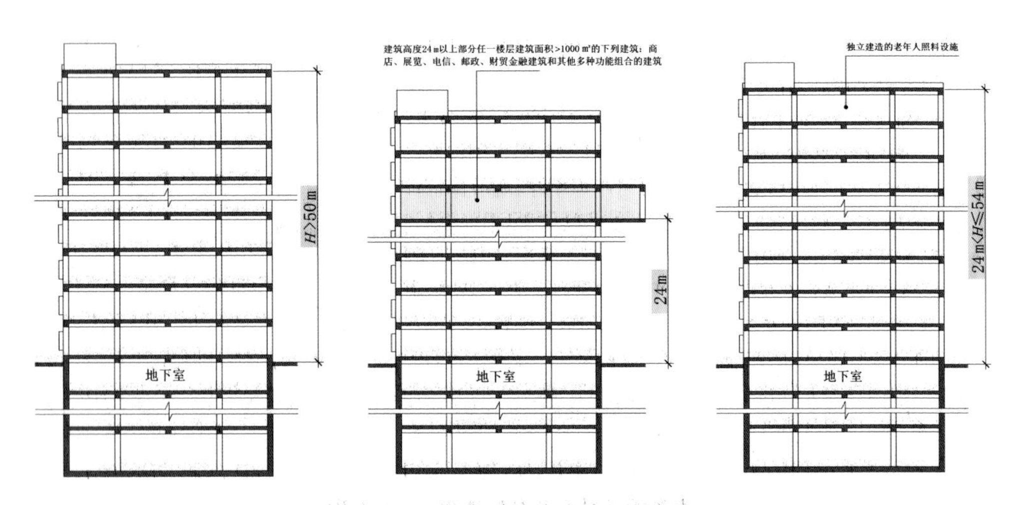

图 4-2 一类高层公共建筑剖面示意

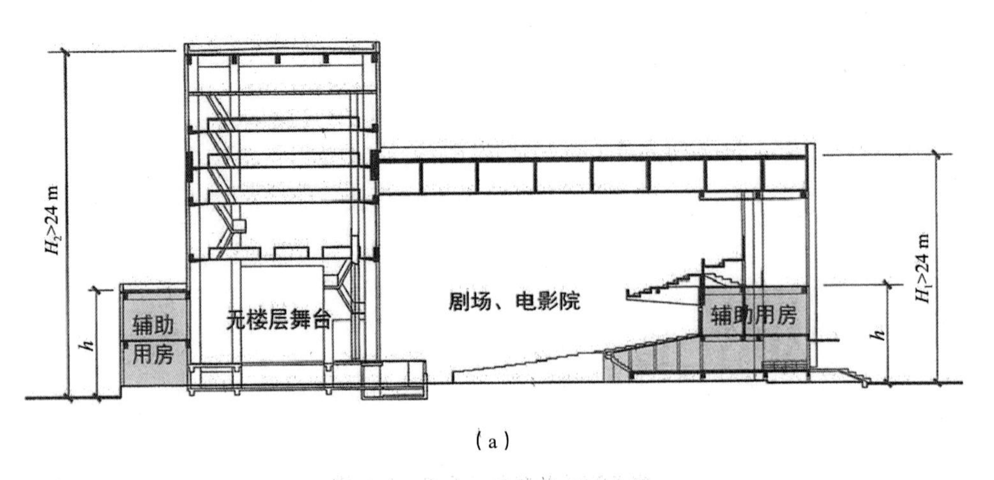

(a)

图 4-3 单层公共建筑剖面示意

(a) 建筑高度 >24 m 的单层公共建筑剖面示意图一

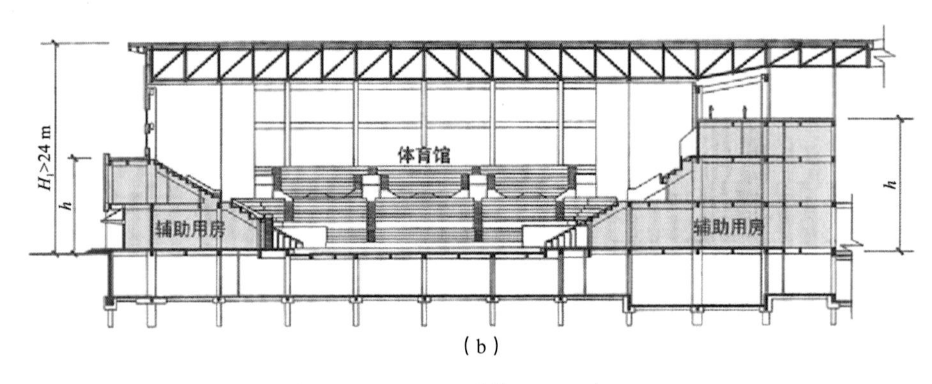

图 4-3　单层公共建筑剖面示意（续）

（b）建筑高度 >24 m 的单层公共建筑剖面示意图二

注：h 为辅助用房顶板到室外设计地面的高度。当 $h \leqslant 24$ m 时，整体建筑按单、多层建筑进行防火设计；当 $h>24$ m 时，整体建筑按高层建筑进行防火设计。

二、耐火等级

耐火等级是衡量建筑物耐火程度的标准，是由组成建筑物的构件的燃烧性能和耐火极限的最低值决定的。建筑构件本身的燃烧性能对建筑火灾的发展有很大影响，进而可以影响建筑物的结构强度。根据所用材料遇火后的燃烧特性，一般可将其分为不燃、难燃、可燃、易燃四大类（表 4-2）。

表 4-2　材料燃烧性能等级

等级	装修材料燃烧性能
A	不燃
B1	难燃
B2	可燃
B3	易燃

火灾对建筑物的破坏作用，除受到建筑构件的燃烧性能的影响外，还受到建筑构件的最大耐火时间的影响。耐火极限是指建筑构件在标准火灾试验炉内试验，从受到火的作用时起，到失去支持能力或完整性被破坏或失去隔火作用的这段时间。各种类型建筑物的使用性质、重要程度、规模大小、层数高低和火灾危险性不同，因此对民用建筑划分了一级、二级、三级、四级耐火等级，一级最高，四级最低。除《建筑设计防火规范（2018 年版）》（GB 50016—2014）另有规定外，不同耐火等级建筑相应构件的燃烧性能和耐火极限不应低于表 4-3 的规定。

表 4-3　不同耐火等级建筑相应构件的燃烧性能和耐火极限　h

构件名称		耐火等级			
		一级	二级	三级	四级
墙	防火墙	不燃性 3.00	不燃性 3.00	不燃性 3.00	不燃性 3.00
	承重墙	不燃性 3.00	不燃性 2.50	不燃性 2.00	不燃性 0.50
	非承重墙	不燃性 1.00	不燃性 1.00	不燃性 0.50	可燃性

续表

构件名称		耐火等级			
		一级	二级	三级	四级
墙	楼梯间和前室的墙、电梯井的墙、住宅建筑单元之间的墙和分户墙	不燃性 2.00	不燃性 2.00	不燃性 1.50	难燃性 0.50
	疏散走道两侧的隔墙	不燃性 1.00	不燃性 1.00	不燃性 0.50	难燃性 0.25
	房间隔墙	不燃性 0.75	不燃性 0.50	难燃性 0.50	难燃性 0.25
柱		不燃性 3.00	不燃性 2.50	不燃性 2.00	难燃性 0.50
梁		不燃性 2.00	不燃性 1.50	不燃性 1.00	难燃性 0.50
楼板		不燃性 1.50	不燃性 1.00	不燃性 0.50	可燃性
屋顶承重构件		不燃性 1.50	不燃性 1.00	可燃性 0.50	可燃性
疏散楼梯		不燃性 1.50	不燃性 1.00	不燃性 0.50	可燃性
吊顶		不燃性 0.25	难燃性 0.25	难燃性 0.15	可燃性

（1）民用建筑的耐火等级应根据其建筑高度、使用功能、重要性和火灾扑救难度等确定，并应符合下列规定。

1）地下或半地下建筑（室）和一类高层建筑的耐火等级不应低于一级。

2）单层、多层重要公共建筑和二类高层建筑的耐火等级不应低于二级。

3）除木结构建筑外，老年人照料设施的耐火等级不应低于三级。

（2）建筑高度大于 100 m 的民用建筑，其楼板的耐火极限不应低于 2.00 h。一、二级耐火等级建筑的上人平屋顶，其屋面板的耐火极限分别不应低于 1.50 h 和 1.00 h（图 4-4、图 4-5）。

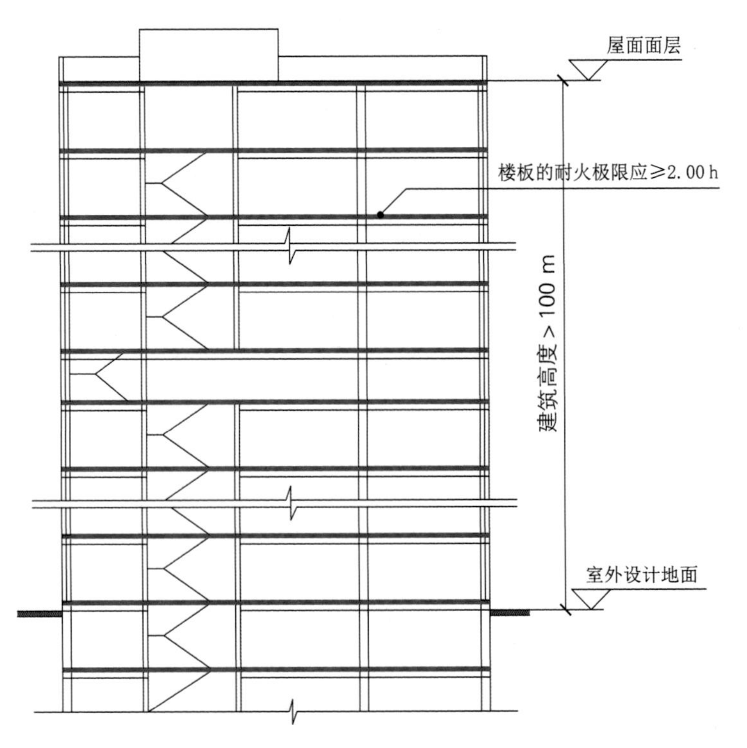

图 4-4　建筑高度 >100 m 的民用建筑剖面示意

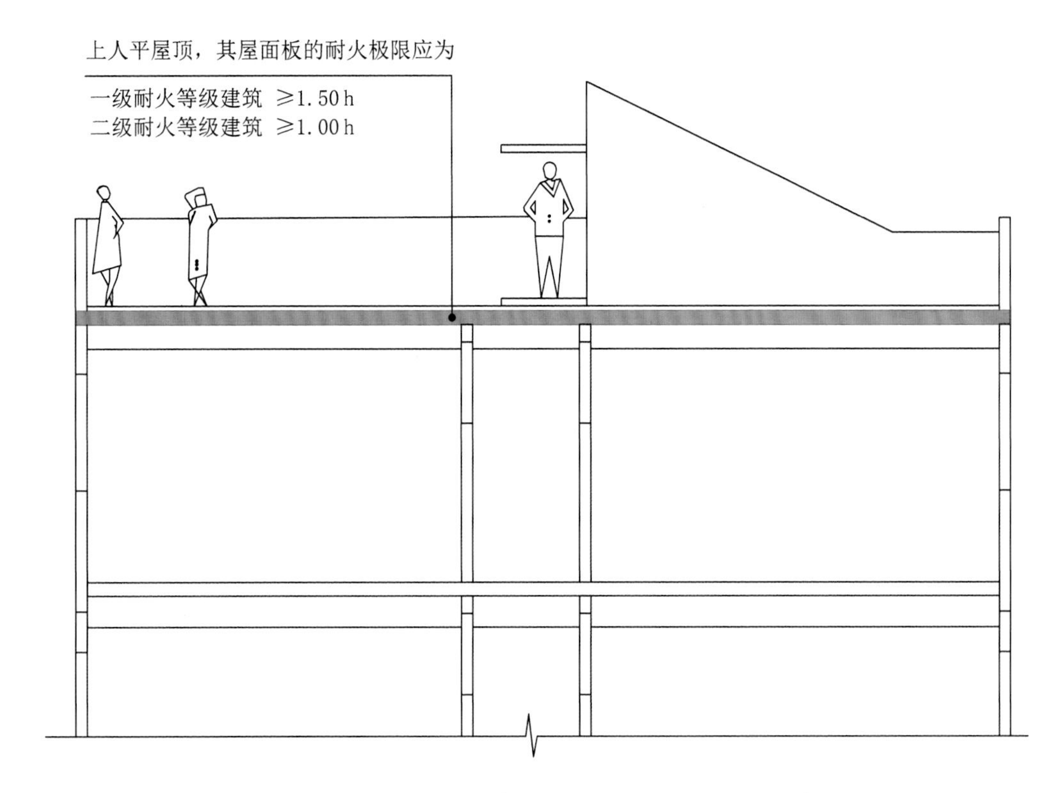

图 4-5 一、二级耐火等级建筑的上人平屋顶剖面示意

（3）二级耐火等级建筑内采用难燃性墙体的房间隔墙，其耐火极限不应低于 0.75 h；当房间的建筑面积不大于 100 m^2 时，房间隔墙可采用耐火极限不低于 0.50 h 的难燃性墙体或耐火极限不低于 0.30 h 的不燃性墙体（图 4-6）。

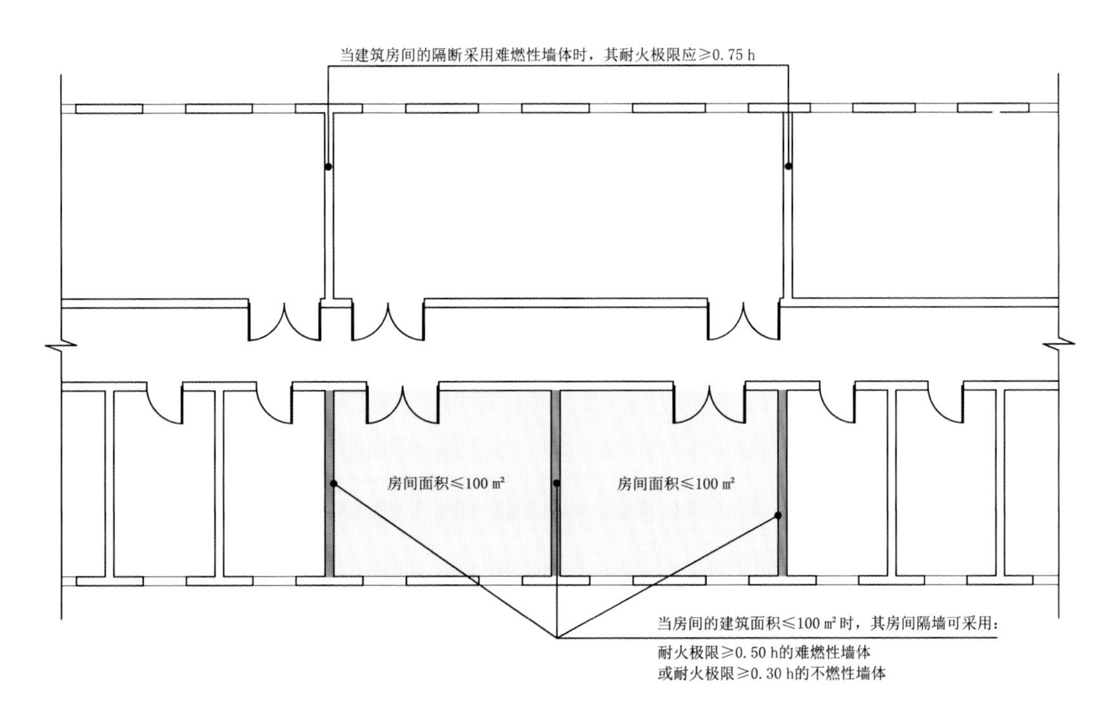

图 4-6 二级耐火等级建筑的房间隔墙

（4）建筑中的非承重外墙、房间隔墙和屋面板，确需采用金属夹芯板材时，其芯材应为不燃材料，且耐火极限应符合《建筑设计防火规范（2018 年版）》（GB 50016—2014）的有关规定。二级耐火等级建筑内采用不燃材料的吊顶时，其耐火极限不限。三级耐火等级的医疗建筑，中小学校的教学建筑，老年人照料设施及托儿所、幼儿园的儿童用房和儿童游乐厅等儿童活动场所的吊顶，应采用不燃材料；当采用难燃材料时，其耐火极限不应低于 0.25 h（图 4-7）。

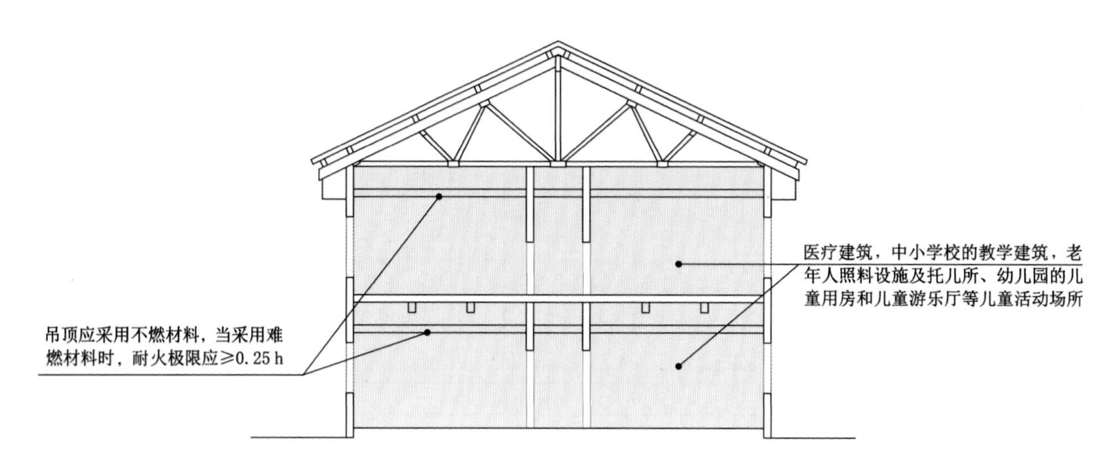

图 4-7　三级耐火等级建筑的吊顶

（5）二、三级耐火等级建筑内门厅、走道的吊顶应采用不燃材料（图 4-8）。

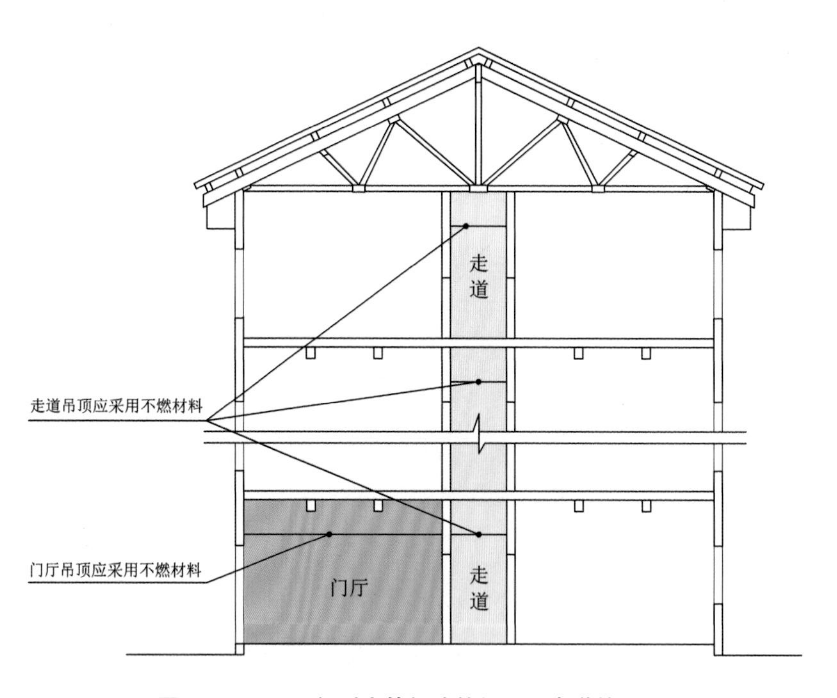

图 4-8　二、三级耐火等级建筑门厅、走道的吊顶

单元二　公共建筑空间防火规范

建筑某部位起火后，为了能够将火势限定在一定的范围内，使其不至于迅速蔓延，就需要在建筑内划分相应的防火单元。防火分区是指采用防火分隔措施分出的，能在一定时间内防止火势向同一建筑的其余部分蔓延的空间单元。正确划分防火分区，对于火灾中防止烟气扩散、阻止火势蔓延、保证人员疏散、赢得扑救时间和减少火灾损失都具有重要的意义。从安全评价指标体系看，防火分区对建筑火灾风险的优化作用最大，为此，设计中应重点控制防火分区。

课件：公共建筑空间防火规范

一、防火分区的划分

除另有规定外，不同耐火等级建筑的允许建筑高度或层数、防火分区最大允许建筑面积应符合表 4-4 的规定。

微课：防火分区的划分

表 4-4　不同耐火等级建筑的允许建筑高度或层数、防火分区最大允许建筑面积

名称	耐火等级	允许建筑高度或层数	防火分区最大允许建筑面积 /m²	备注
高层民用建筑	一、二级	按规范确定	1 500	体育馆、剧场的观众厅，防火分区最大允许建筑面积可适当增加
单、多层民用建筑	一、二级	按规范确定	2 500	
	三级	5 层	1 200	—
	四级	2 层	600	
地下或半地下建筑	一级	—	500	设备用房防火分区最大允许建筑面积不应大于 1 000 m²

（1）对于表 4-4 中规定的防火分区最大允许建筑面积，当建筑内设置自动灭火系统时，可按本表的规定增加 1.0 倍，局部设置时，防火分区的增加面积可按该局部面积的 1.0 倍计算（图 4-9、图 4-10）。

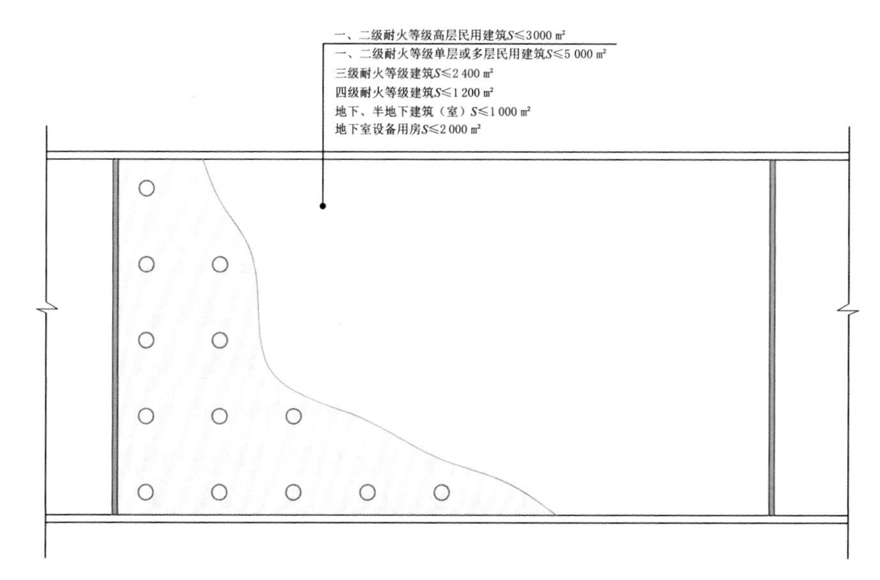

图 4-9　当建筑内设置自动灭火系统时

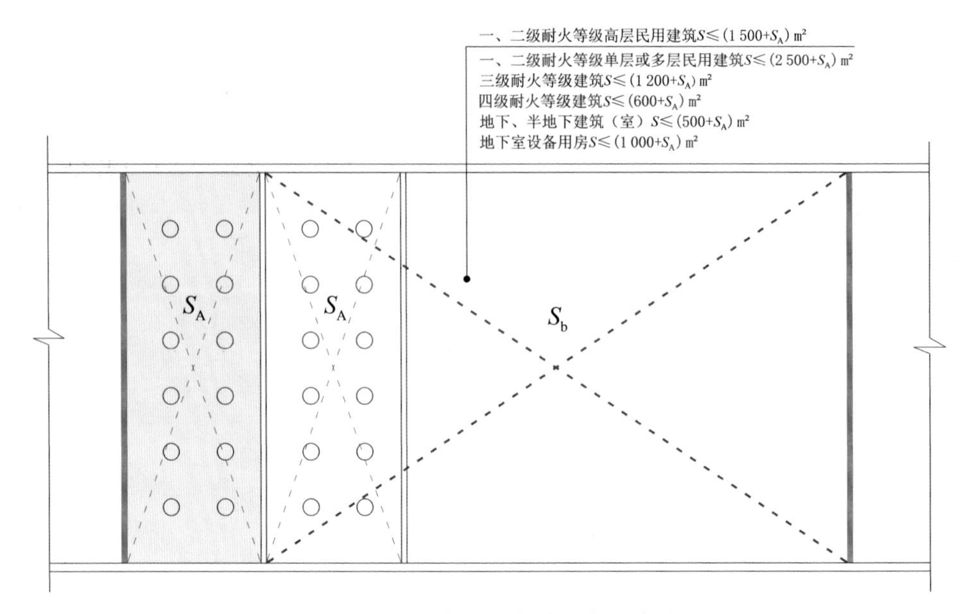

图 4-10 局部设置自动灭火系统时

（2）有相连通的开口时，其防火分区的建筑面积应按上、下层相连通的建筑面积叠加计算；当叠加计算后的建筑面积大于表 4-4 的规定时，应划分防火分区。以自动扶梯为例，其防火分区面积（S）应按上、下层相连通的建筑面积叠加计算，即 $S=S_1+S_2+\cdots+S_n$，当叠加计算后的建筑面积大于规定时，应划分防火分区（图 4-11）。对于规范允许采用敞开楼梯间的建筑，如 5 层或 5 层以上的教学建筑、普通办公建筑等，该敞开楼梯间可以不按上、下层相连通的开口考虑。

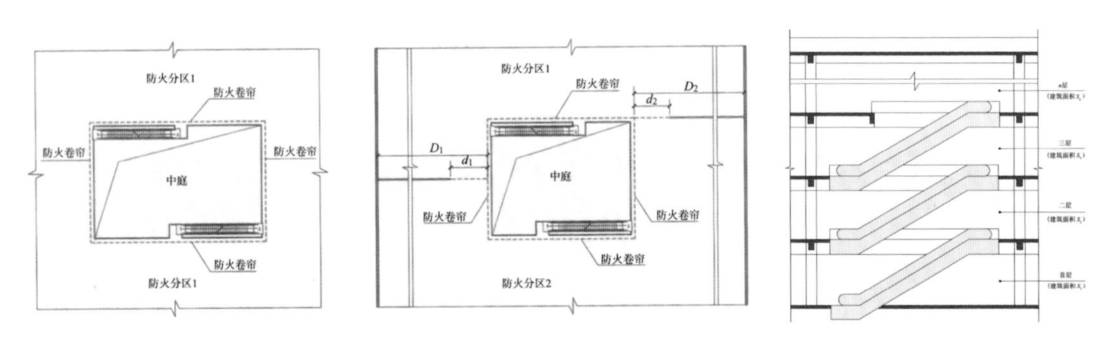

图 4-11 自动扶梯防火分区示意

注：图示中 D 为某防火分隔区域与相邻防火分隔区域两两之间需要进行分隔的部位总宽度：$D=D_1+D_2$。
d 为防火卷帘的宽度：$d=d_1+d_2$。当 $D\leqslant 30$ m 时，$d\leqslant 10$ m。当 $D\geqslant 3$ m 时，$d\leqslant D/3$，且 $\leqslant 20$ m。

（3）建筑内设置中庭时，其防火分区的建筑面积应按上、下层相连通的建筑面积叠加计算；当叠加计算后的建筑面积大于表 4-4 的规定时，应符合下列规定（图 4-12）。

1）与周围连通空间应进行防火分隔：采用防火隔墙时，其耐火极限不应低于 1.00 h；采用防火玻璃墙时，其耐火隔热性和耐火完整性不应低于 1.00 h，采用耐火完整性不低于 1.00 h 的非隔热性防火玻璃墙时，应设置自动喷水灭火系统进行保护；采用防火卷帘时，其耐火极限不应低于 3.00 h；与中庭相连通的门、窗，应采用火灾时能自行关闭的甲级防火门、窗。

2）高层建筑内的中庭回廊应设置自动喷水灭火系统和火灾自动报警系统；中庭应设置排烟设施；中庭内不应布置可燃物。

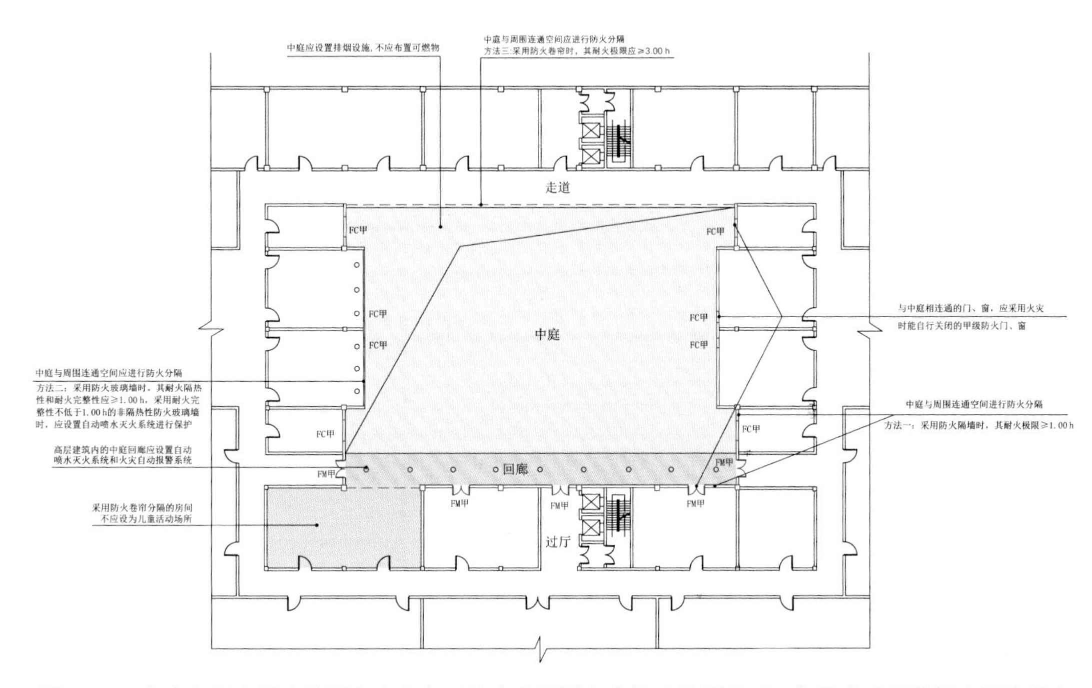

图 4-12　中庭各层连通建筑面积之和大于防火分区最大允许建筑面积时，每层应采用的相应措施示意

（4）防火分区之间应采用防火墙分隔，确认有困难时，可采用防火卷帘等防火分隔设施分隔（图 4-13）。

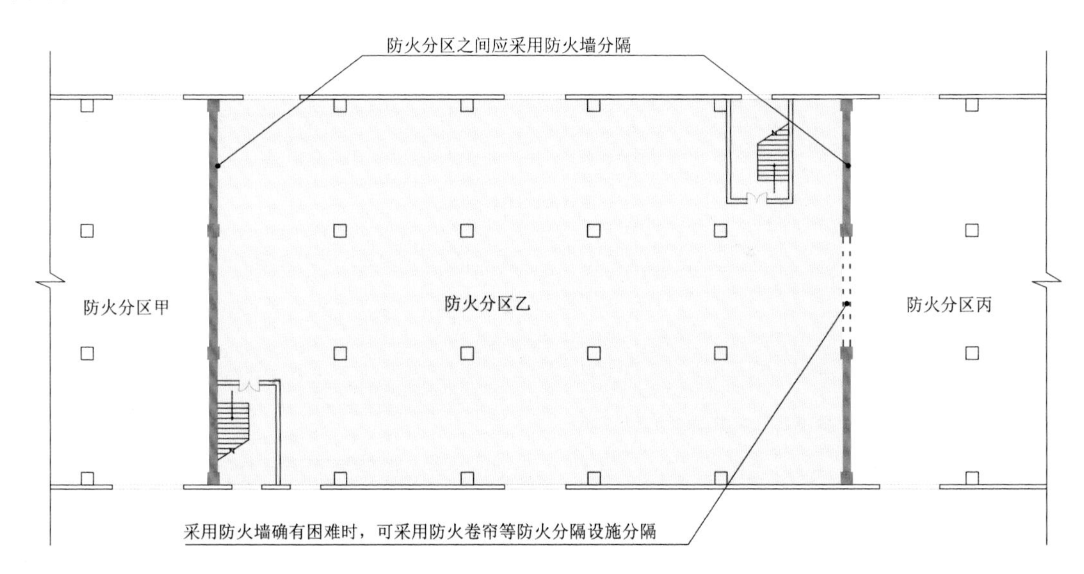

图 4-13　平面示意

（5）一、二级耐火等级建筑内的营业厅、展览厅，当设置自动灭火系统和火灾自动报警系统并采用不燃或难燃装修材料时，其每个防火分区的最大允许建筑面积应符合下列规定（图 4-14~图 4-16）。

1）设置在高层建筑内时，不应大于 4 000 m^2。

2）设置在单层建筑或仅设置在多层建筑的首层内时，不应大于 10 000 m^2。

3）设置在地下或半地下时，不应大于 2 000 m^2。

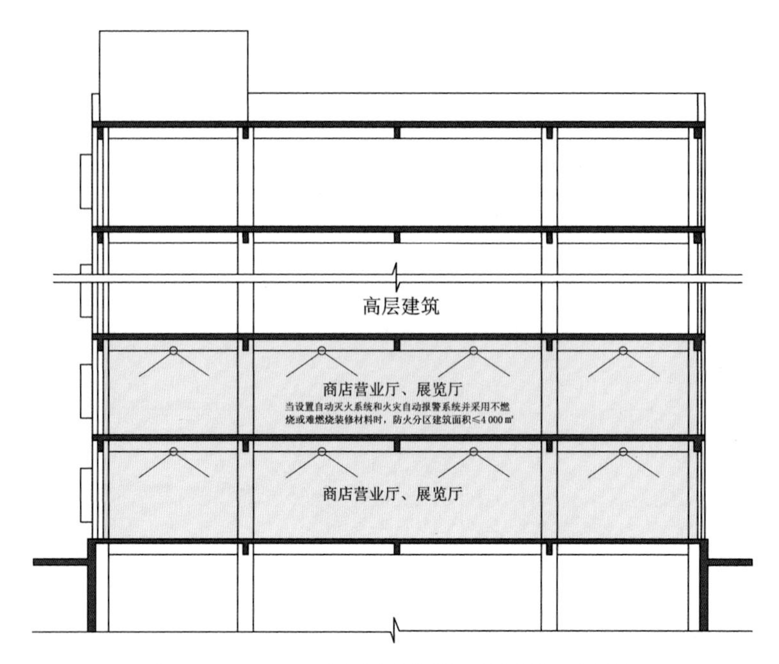

图 4-14　一、二级耐火等级高层建筑剖面示意

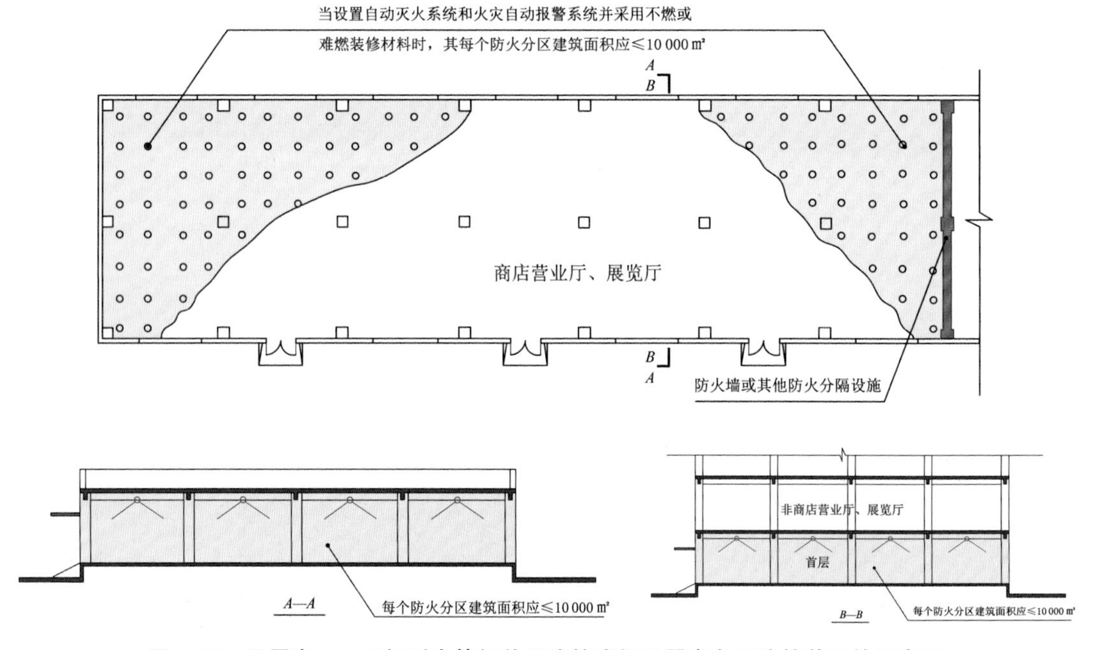

图 4-15　设置在一、二级耐火等级单层建筑或仅设置在多层建筑首层的示意图

（6）总建筑面积大于 20 000 m² 的地下或半地下商店，应采用无门、窗、洞口的防火墙，耐火极限不低于 2.00 h 的楼板分隔为多个建筑面积不大于 20 000 m² 的区域。相邻区域确需局部连通时，应采用下沉式广场等室外开敞空间、防火隔间、避难走道、防烟楼梯间等方式进行连通，并应符合下列规定（图 4-17～图 4-20）：

1）下沉式广场等室外开敞空间应能防止相邻区域的火灾蔓延和便于安全疏散。

2）防火隔间的墙应为耐火极限不低于 3.00 h 的防火隔墙；防烟楼梯间的门应采用甲级防火门。

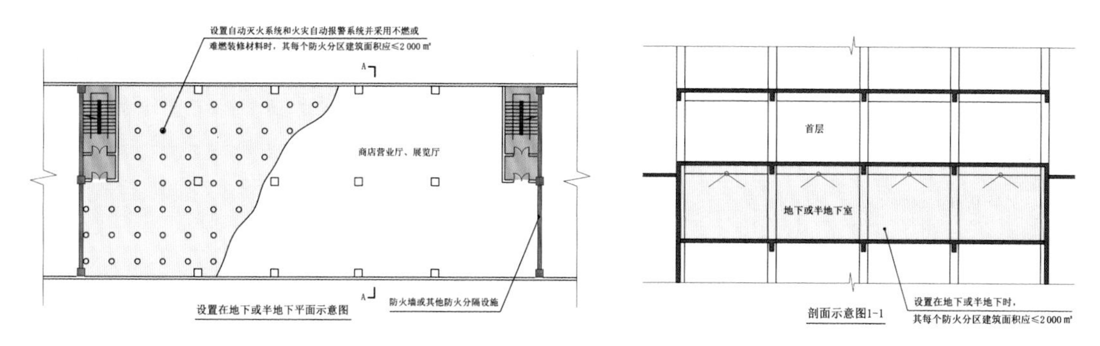

图 4-16　设置在一、二级耐火等级建筑地下或半地下的商店营业厅、展览厅示意

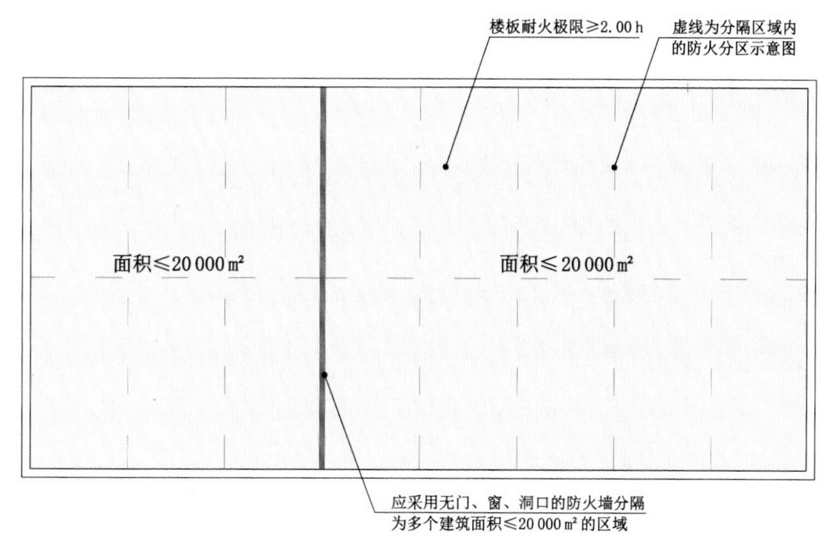

图 4-17　总建筑面积＞20 000 m^2 的地下或半地下商店平面示意

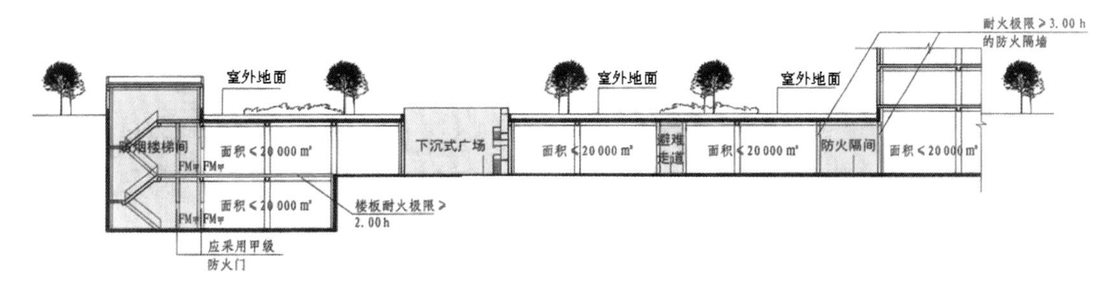

图 4-18　总建筑面积＞20 000 m^2 的地下或半地下商店剖面示意

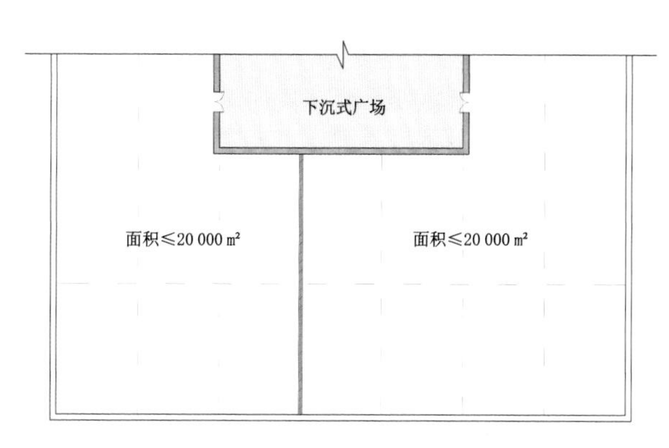

图 4-19　用下沉式广场方式连通

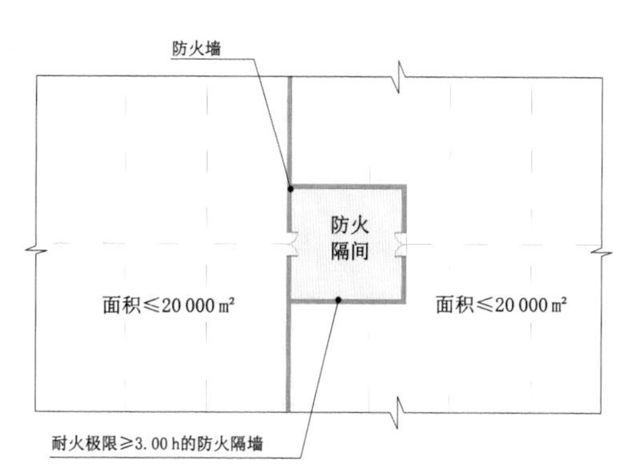

图 4-20　用防火隔间连通平面

二、步行街防火规范

随着人们的生活要求不断提高，为了改善其购物环境，步行街建设形式多样化，有传统的步行街和现代化商业步行街等多种形式。传统的商业步行街是随着历史发展形成的，一般分布在城市中心区和次城市中心区，象征着城市的繁荣，具有独特性和不可再生性，文化资源、旅游资源和商业资源是其核心竞争力所在。传统的步行街用挑檐、重檐、敞廊盖顶或过街骑楼遮挡风雨。现代化商业步行街大部分以有顶棚的商业步行街为主。

为了提高步行街的建设质量，消防安全首当其冲。餐饮、商店等商业设施通过有顶棚的步行街，且步行街两侧的建筑需利用步行街进行安全疏散时，应符合下列规定（图 4-21）：

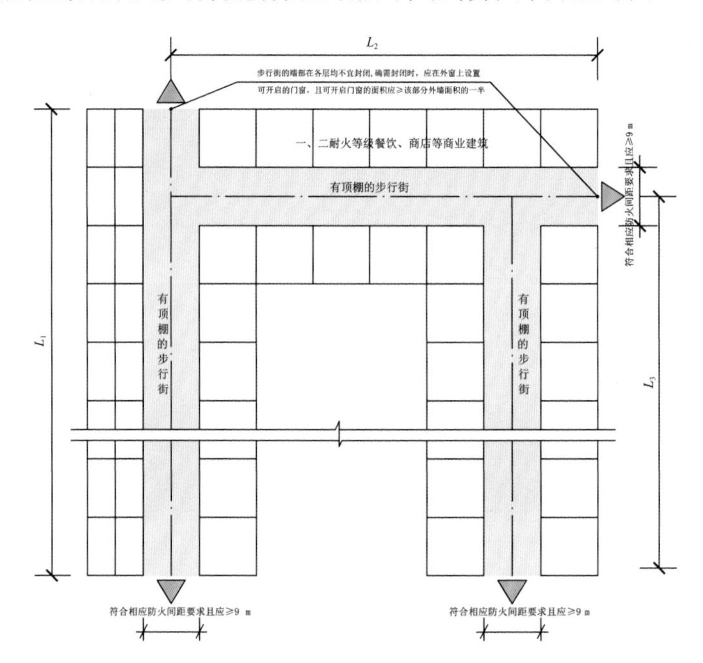

图 4-21 平面示意

注：$L_1+L_2+L_3$ 宜≤ 300 m

（1）步行街两侧建筑的耐火等级不应低于二级。

（2）步行街两侧建筑相对面的最近距离均不应小于《建筑设计防火规范（2018 年版）》（GB 50016—2014）对相应高度建筑的防火间距要求且不应小于 9 m。步行街的端部在各层均不宜封闭，确需封闭时，应在外墙上设置可开启的门窗，且可开启门窗的面积不应小于该部位外墙面积的一半。步行街的长度不宜大于 300 m。

（3）步行街两侧建筑的商铺之间应设置耐火极限不低于 2.00 h 的防火隔墙，每间商铺的建筑面积不宜大于 300 m²（图 4-22）。

（4）步行街两侧建筑的商铺，其面向步行街一侧的围护构件的耐火极限不应低于 1.00 h，并宜采用实体墙，其门、窗应采用乙级防火门、窗；当采用防火玻璃墙（包括门、窗）时，其耐火隔热性和耐火完整性不应低于 1.00 h；当采用耐火完整性不低于 1.00 h 的非隔热性防火玻璃墙（包括门、窗）时，应设置闭式自动喷水灭火系统进行保护。相邻商铺之间面向步行街一侧应设置宽度不小于 1.0 m、耐火极限不低于 1.00 h 的实体墙（图 4-23）。

（5）对于利用建筑内部有顶棚的步行街进行安全疏散的超大城市综合体，步行街两侧的主力店应采用防火墙与步行街之间进行分隔，连通步行街开口部位宽度不应大于 9 m，主力店应设置独立的疏散设施，不允许借用连通步行街的开口作为疏散设施。步行街首层与地下层之间不应设置中庭、自动扶梯等上下连通的开口（图 4-24）。

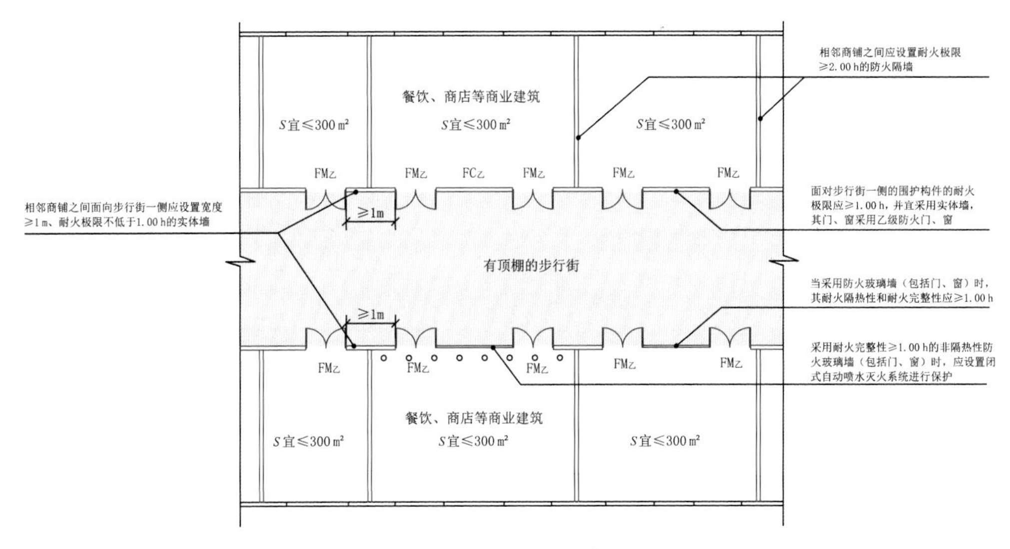

图 4-22 平面示意

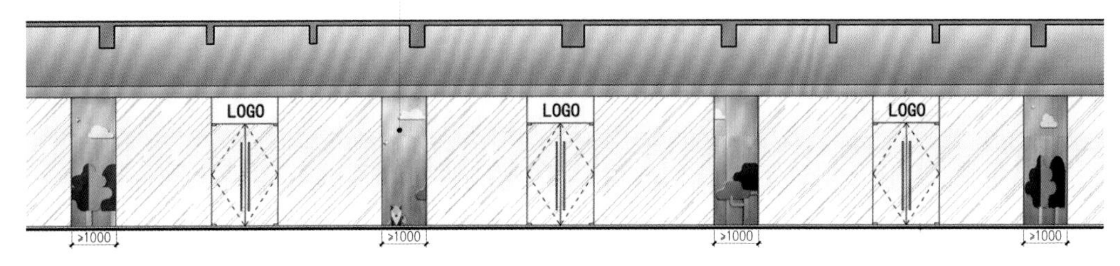

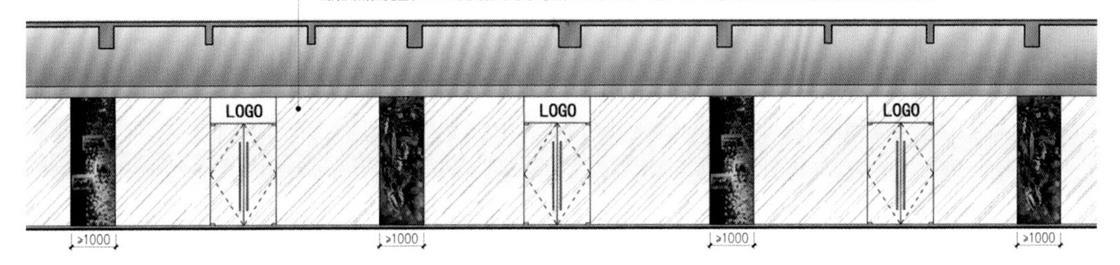

图 4-23 步行街两侧建筑商铺立面示意

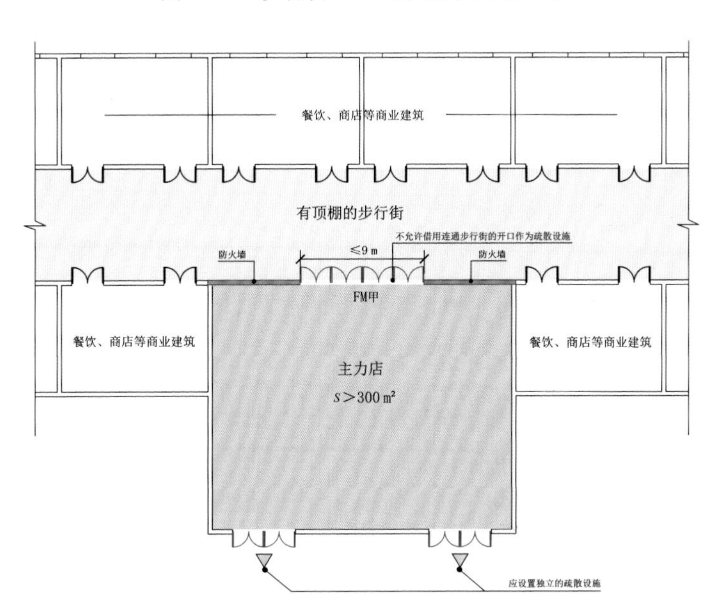

图 4-24 平面示意

（6）当步行街两侧的建筑为多个楼层时，每层面向步行街一侧的商铺均应设置防止火势竖向蔓延的措施；设置回廊或挑檐时，其出挑宽度不应小于 1.2 m；步行街两侧的商铺在上部各层需设置回廊和连接天桥时，应保证步行街上部各层楼板的开口面积不应小于步行街地面面积的 37%，且开口宜均匀布置（图 4-25、图 4-26）。

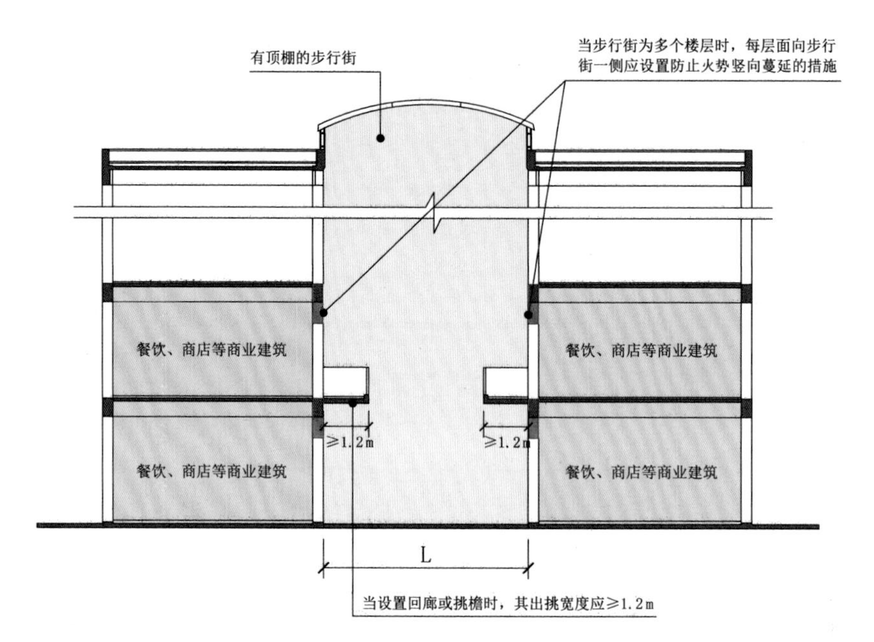

图 4-25 步行街两侧为多个楼层时的剖面示意

注：L 应符合相应防火间距要求且≥ 9 m。

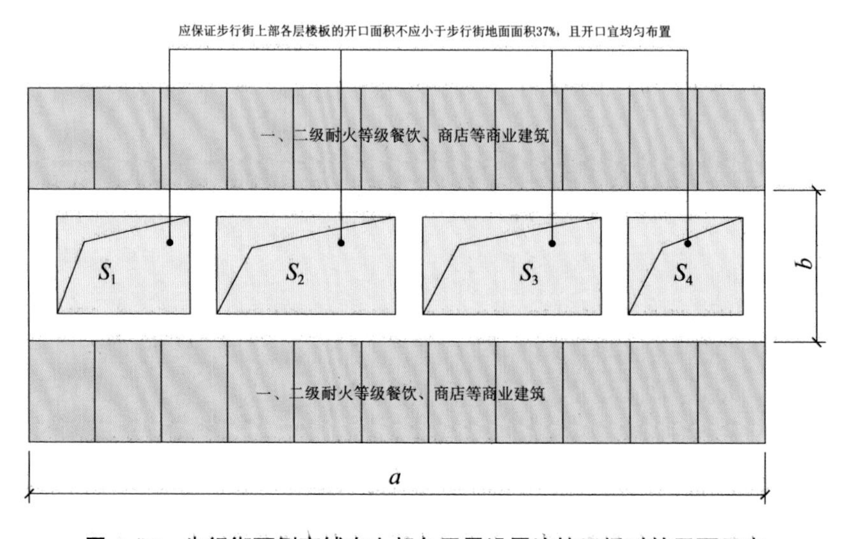

图 4-26 步行街两侧商铺在上部各层需设置连接天桥时的平面示意

注：S_1，…，S_4 为某一层步行街上开洞的面积，$\sum S$ 应≥（$a \times b$）×37%。

（7）步行街两侧建筑内的疏散楼梯应靠外墙设置并宜直通室外，确认有困难时，可在首层直接通至步行街；首层商铺的疏散门可直接通至步行街，步行街内任一点到达最近室外安全地点的步行距离不应大于 60 m。步行街两侧建筑二层及二层以上各层商铺的疏散门至该层最近疏散楼梯口或其他安全出口的直线距离不应大于 37.5 m（图 4-27、图 4-28）。

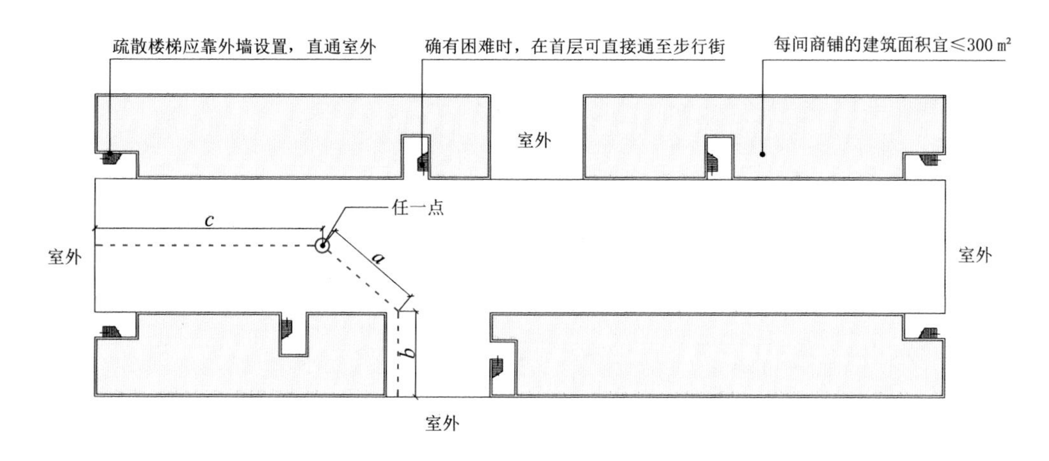

图 4-27　首层平面示意

注：任一点到达最近室外安全地点的步行距离应≤ 60 m（$a+b$ ≤ 60 m 或 c ≤ 60 m）。

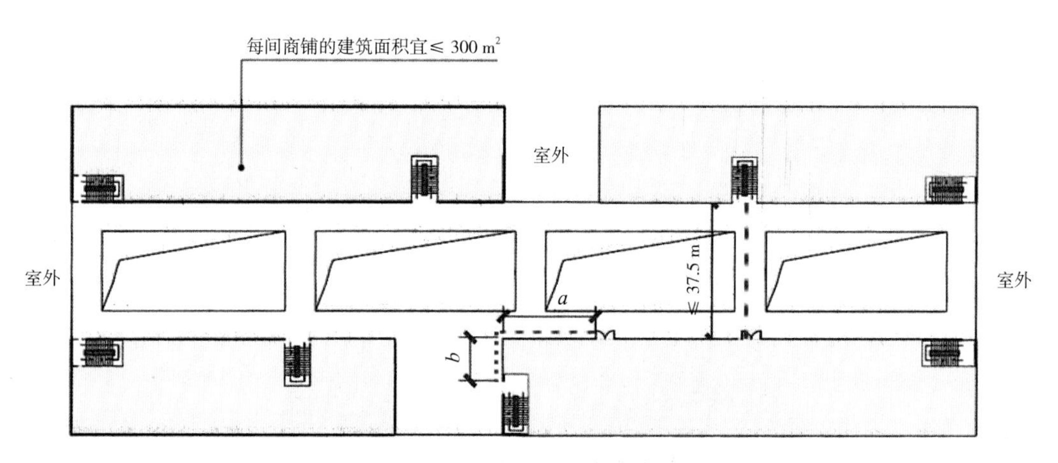

图 4-28　二层或以上平面示意

注：步行街两侧建筑二层及以上各层商铺的疏散门至该层最近疏散楼梯口或其他安全出口的直线距离应≤ 37.5 m（$a+b$ ≤ 37.5 m）。

三、防烟分区的设置

防烟分区是指以隔墙、屋顶挡烟隔板、挡烟垂壁或从顶棚向下突出不小于 500 mm 的梁为界，从地板到屋顶或吊顶之间的空间。设置防烟分区的目的是在火灾初期阶段将烟气控制在一定范围内，以便有组织地将烟排出室外，使人们在避难之前所在空间的烟层高度和烟气浓度在安全允许值之内（图 4-29）。

防烟分区一般根据建筑物的种类和要求不同，可按其用途、面积、楼层划分。

（1）按用途划分。对于建筑物的各部分，按其不同的用途来划分防烟分区比较合适，也比较方便。

（2）按面积划分。在建筑物内按面积将其划分为若干基准防烟分区。

（3）按楼层划分。应尽可能根据房间不同的用途沿垂直方向按楼层划分防烟分区。

从理论上讲，建筑内防烟分区面积划分得小一些，防排烟效果也会好一些，安全性也会提高，然而有时候往往不易实现。防烟分区面积过小，不仅影响使用，还会提高工程造价；防烟分区面积过大，会使烟气波及面积扩大，增加受害面，不利于安全疏散和火灾扑救。因此，最重要的是合理地设置防烟分区，并应注意遵循以下原则：

（1）防烟分区不应跨越防火分区。

（2）对安全程度不同的场所，如疏散走道的走廊、前室、楼梯间等，应划分不同的防烟分区。

（3）可燃物多、火灾时产生烟量多的商场、室内停车场、大型厨房等，应划分独立的防烟分区，以防向其他空间扩散烟气。

（4）不固定服务对象且人数众多的影剧院、宾馆、展览馆等，应防止其他空间的烟气侵入，宜划分独立的防烟分区。

每个防烟分区的面积，对于高层民用建筑和其他建筑（含地下建筑和人防工程），不宜大于 500 m^2；当顶棚（或顶板）高度在 6 m 以上时，可不受此限制。此外，需设排烟设施的走道、净高不超过 6 m 的房间应采用挡烟垂壁、隔墙或从顶棚突出不小于 500 mm 的梁划分防烟分区，梁或挡烟垂壁至室内地面的高度不应小于 1.8 m。除此之外，还可以结合建筑的功能布置形式，巧妙地设置防烟分区，既解决了建筑防烟的安全需要，又不影响建筑室内环境的美观。

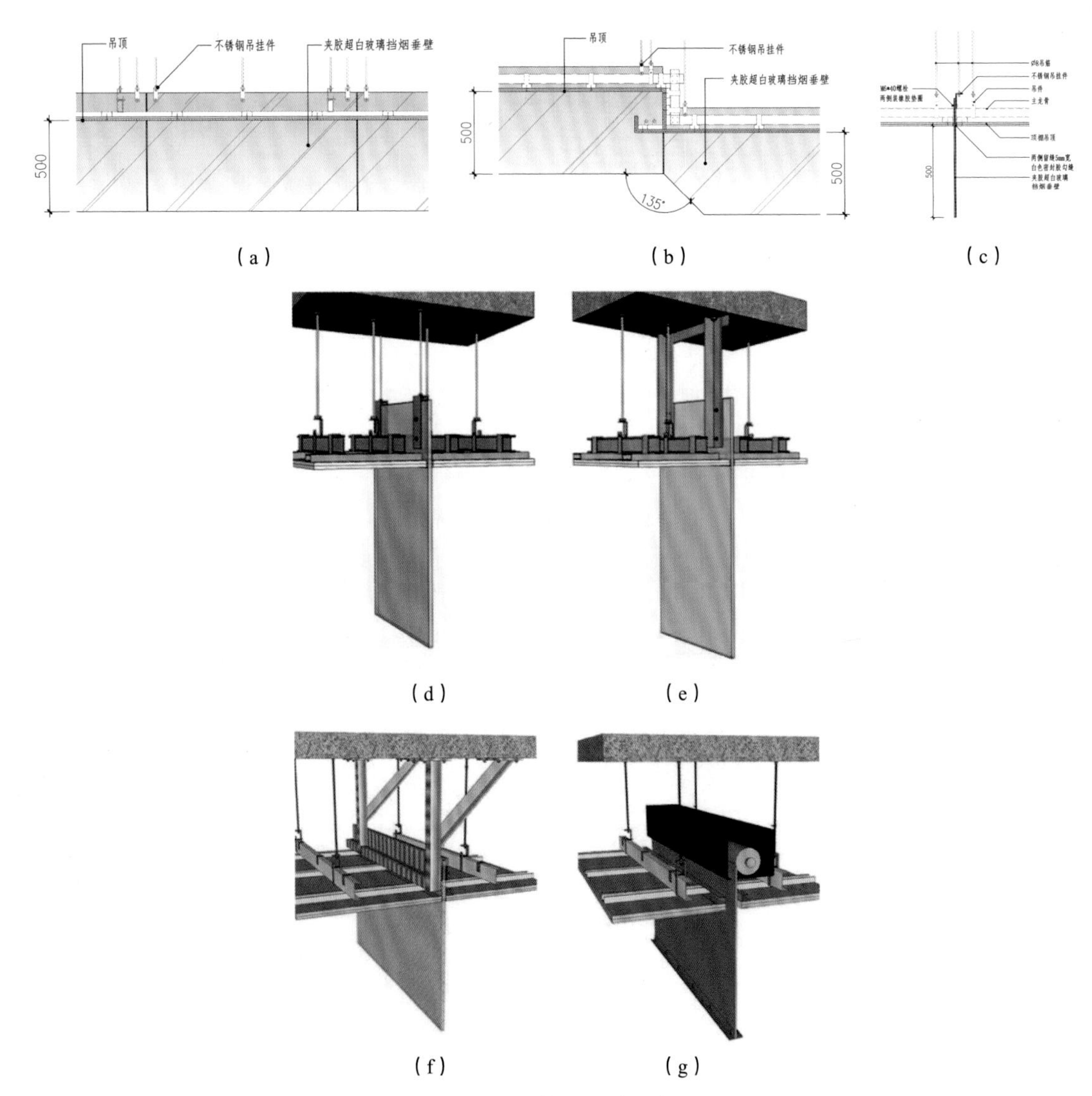

图 4-29　挡烟垂壁示意

（a）标准挡烟垂壁；（b）迭式挡烟垂壁；（c）剖面示意；（d）专用吊件；（e）角钢加螺栓；（f）金属槽 + 角钢 + 螺栓；（g）升降式挡烟垂壁

单元三 公共建筑空间专项规范

一、商店、展览类设计规范

营业厅、展览厅设置在一、二级耐火等级的建筑内时，应布置在地下二层及以上楼层；设置在三级耐火等级的建筑内时，应布置在首层或二层；设置在四级耐火等级的建筑内时，应布置在首层。营业厅、展览厅不应设置在地下三层及以下楼层（图 4-30）。

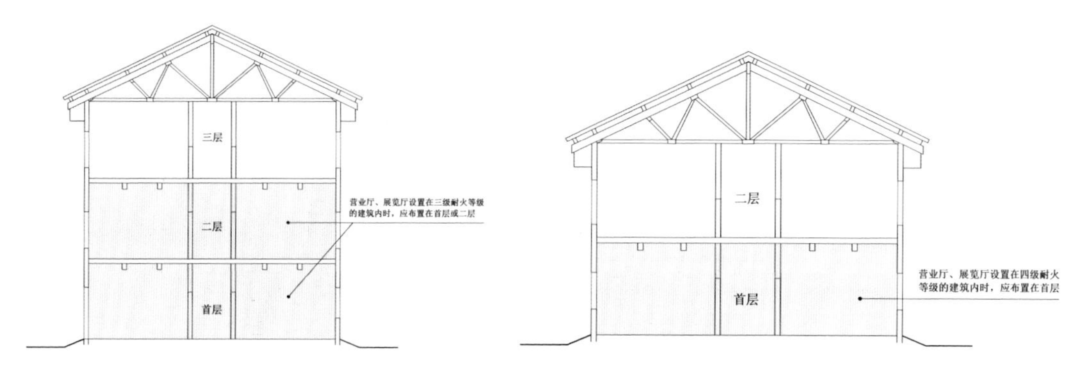

图 4-30 营业厅、展览厅剖面示意

二、托儿所、幼儿园类设计规范

托儿所、幼儿园的儿童用房和儿童游乐厅等儿童活动场所宜设置在独立的建筑内，且不应设置在地下室或半地下室；确需设置在其他民用建筑内时，应符合下列规定（图 4-31 ~ 图 4-35）：

（1）设置在一、二级耐火等级的建筑内时，应布置在首层、二层或三层。

（2）设置在三级耐火等级的建筑内时，应布置在首层或二层。

（3）设置在四级耐火等级的建筑内时，应布置在首层。

（4）设置在高层建筑内时，应设置独立的安全出口和疏散楼梯。

（5）设置在单、多层建筑内时，宜设置独立的安全出口和疏散楼梯。

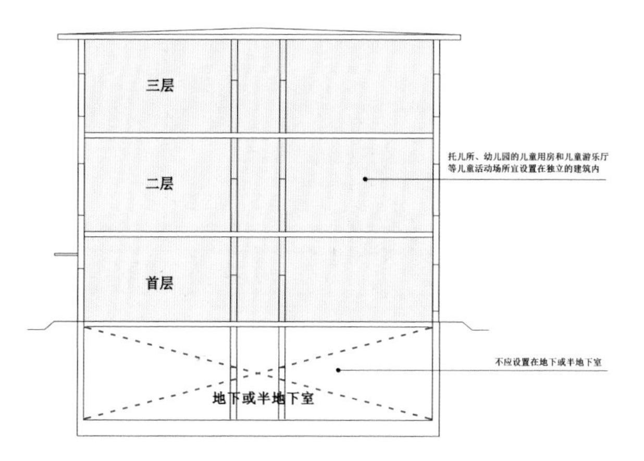

图 4-31 独立建造剖面示意

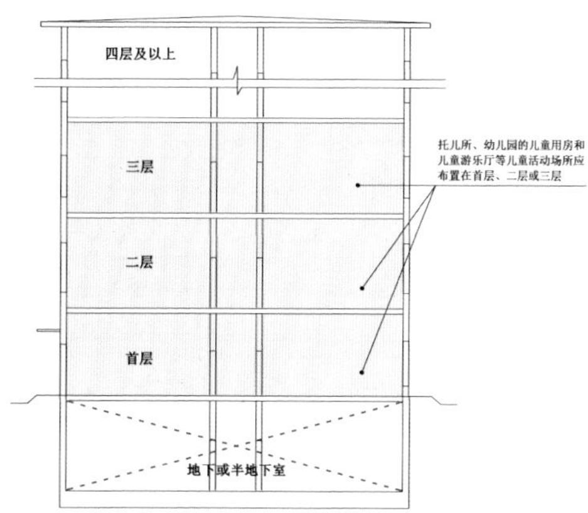

图 4-32 设置在一、二级耐火等级建筑内时

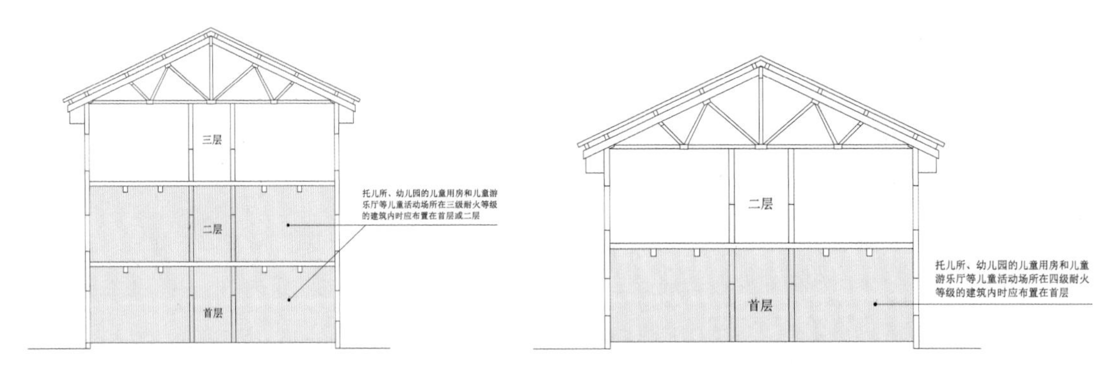

图 4-33 设置在三级耐火等级建筑内时　　图 4-34 设置在四级耐火等级建筑内时

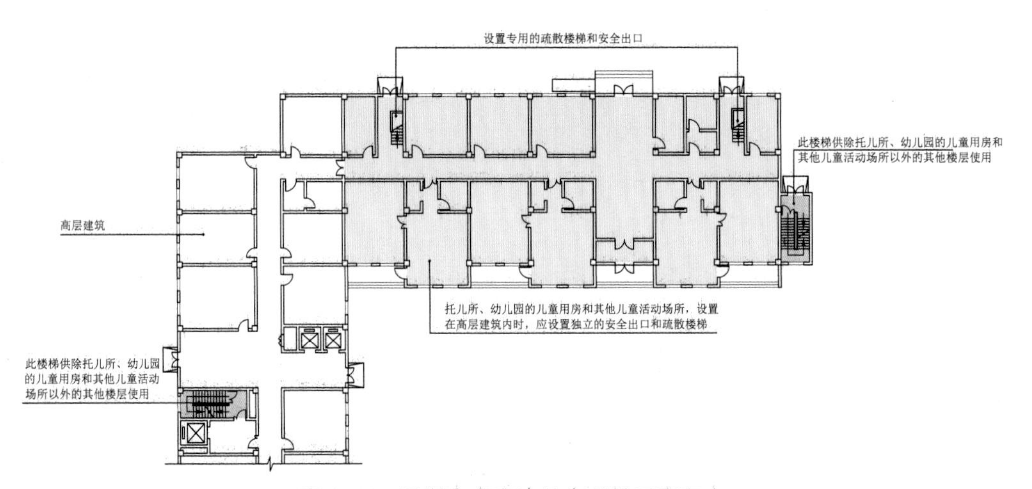

图 4-35 设置在高层建筑内时的平面示意

三、老年人照料设施类设计规范

老年人照料设施宜独立设置。老年人照料设施部分应与其他场所进行防火分隔（图 4-36）。

（1）设置在一、二级耐火等级的建筑内时，不应布置在楼地面设计标高大于 54 m 的楼层上。

（2）设置在三级耐火等级的建筑内时，应布置在首层或二层。

（3）居室和休息室不应布置在地下或半地下室。

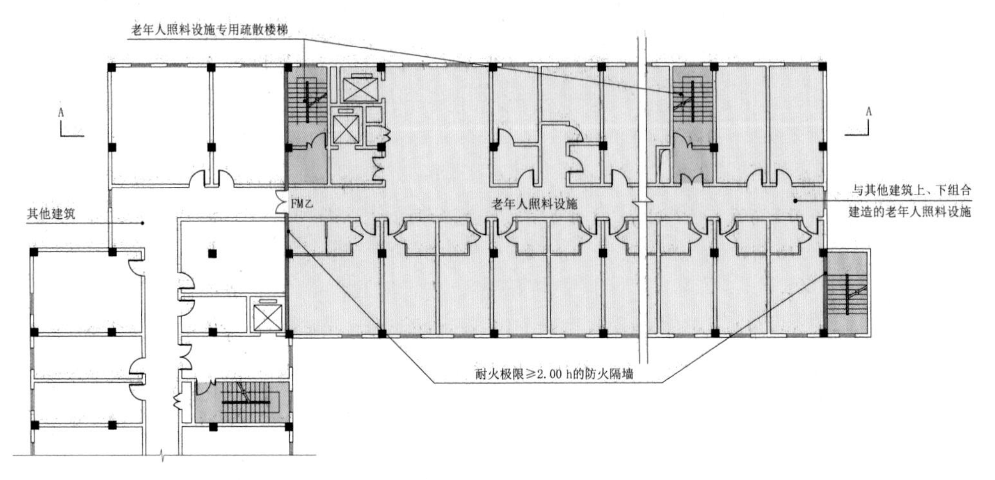

图 4-36 老年人照料设施与其他建筑上、下组合时

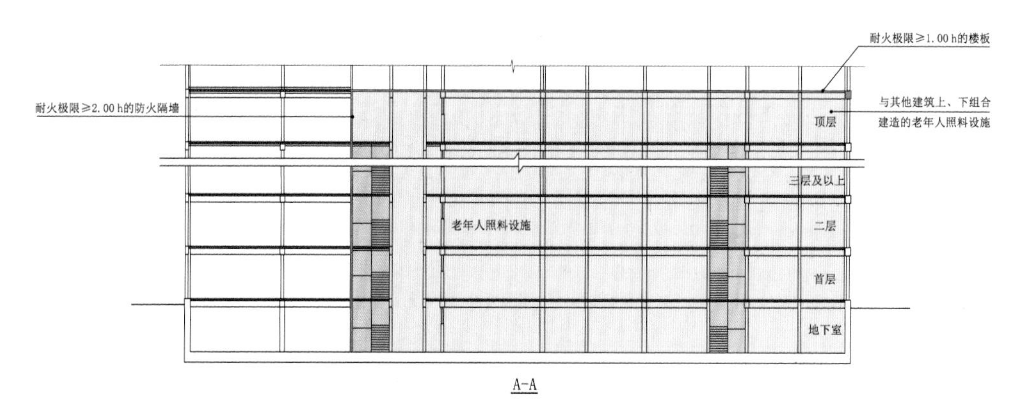

图 4-36 老年人照料设施与其他建筑上、下组合时（续）

（4）老年人公共活动用房、康复与医疗用房，应布置在地下一层及以上楼层，当布置在半地下或地下一层、地上四层及以上楼层时，每间用房的建筑面积不应大于 200 m^2 且使用人数不应大于 30 人（图 4-37）。

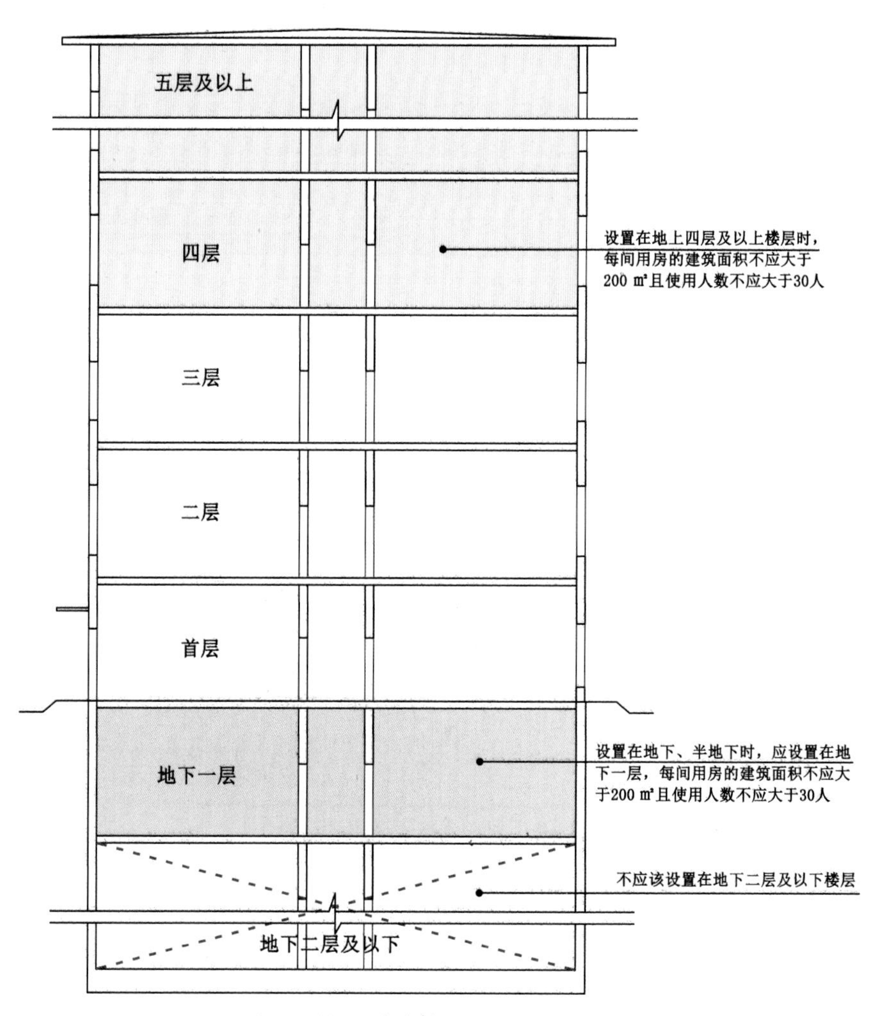

图 4-37 老年人照料设施建筑剖面示意

四、医院和疗养院类设计规范

医院和疗养院的住院部分不应设置在地下室或半地下室。设置在三级耐火等级的建筑内时，应布置在首层或二层；设置在四级耐火等级的建筑内时，应布置在首层（图 4-38、图 4-39）。

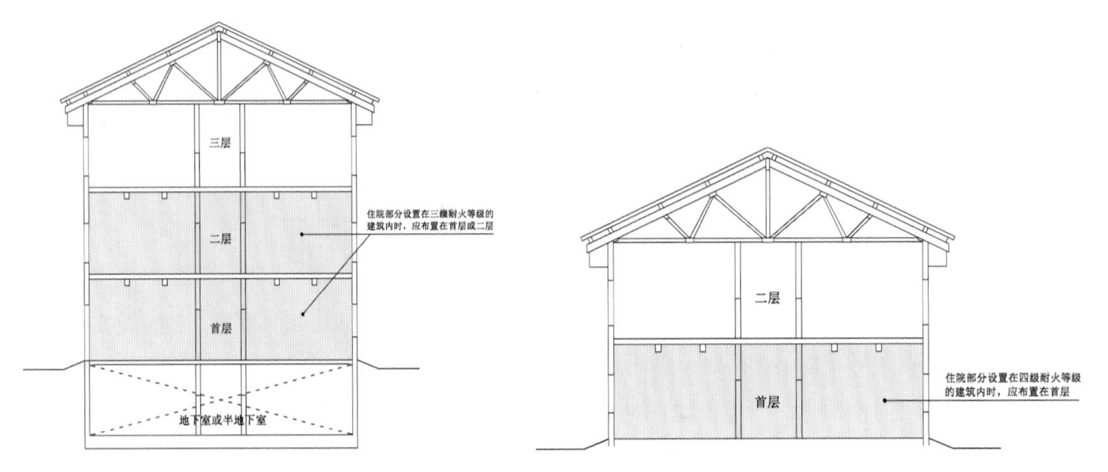

图 4-38　设置在三级耐火等级建筑内时　　**图 4-39　设置在四级耐火等级建筑内时**

医院和疗养院的病房楼内相邻护理单元之间应采用耐火极限不低于 2.00 h 的防火隔墙分隔，隔墙上的门应采用甲级防火门，设置在走道上的防火门应采用常开防火门（图 4-40）。

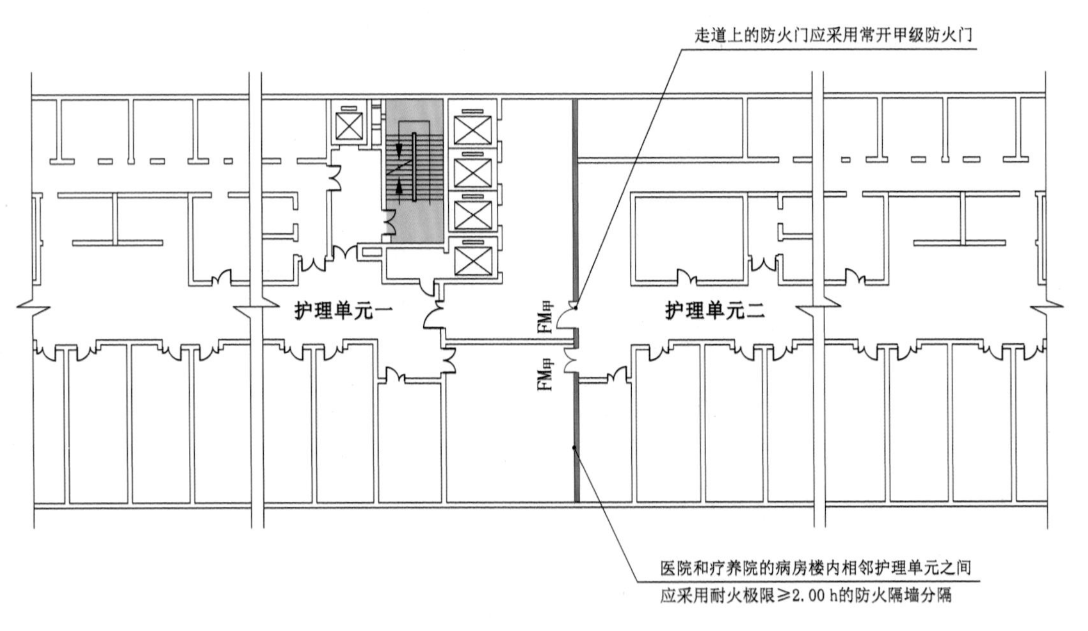

图 4-40　医院和疗养院平面示意

五、教学建筑、食堂、菜市场类设计规范

教学建筑、食堂、菜市场设置在三级耐火等级的建筑内时，应布置在首层或二层；设置在四级耐火等级的建筑内时，应布置在首层（图 4-41、图 4-42）。

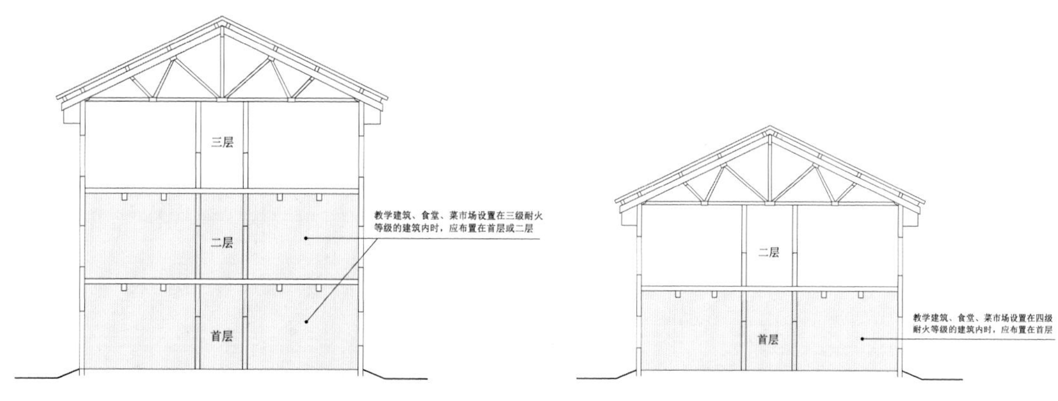

图 4-41 设置在三级耐火等级建筑内时

图 4-42 设置在四级耐火等级建筑内时

六、剧场、电影院、礼堂类设计规范

剧场、电影院、礼堂宜设置在独立的建筑内；确需设置在其他民用建筑内时，至少应设置 1 个独立的安全出口和疏散楼梯，并应符合下列规定（图 4-43 ~ 图 4-45）：

（1）应采用耐火极限不低于 2.00 h 的防火隔墙和甲级防火门与其他区域分隔。

（2）设置在一、二级耐火等级建筑内时，观众厅宜布置在首层、二层或三层；确需布置在四层及四层以上楼层时，一个厅、室的疏散门不应少于 2 个，且每个观众厅的建筑面积不宜大于 400 m²。

（3）设置在三级耐火等级建筑内时，不应布置在三层及以上楼层。

（4）设置在地下室或半地下室时，宜设置在地下一层，不应设置在地下三层及三层以下楼层。

（5）设置在高层建筑内时，应设置火灾自动报警系统及自动喷水灭火系统等自动灭火系统。

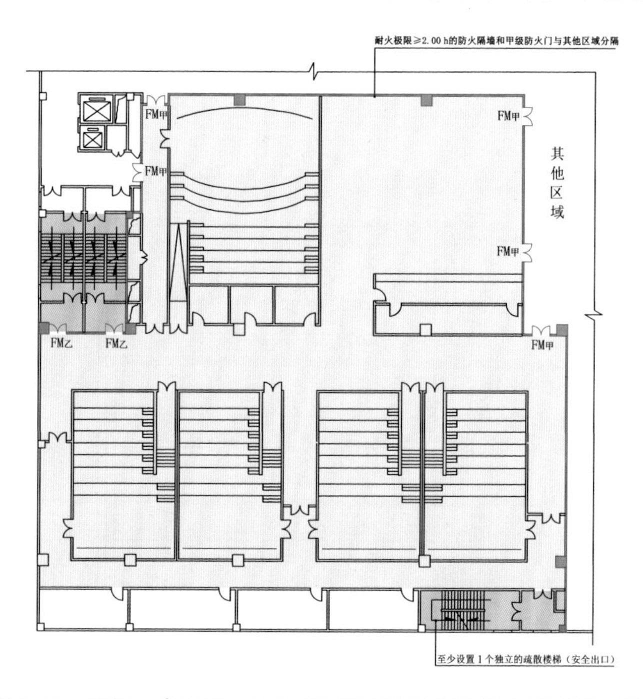

图 4-43 剧场、电影院、礼堂设置在其他民用建筑内时平面示意

注：剧场、电影院、礼堂设置在其他民用建筑内时，疏散楼梯尽量独立设置，不能独立设置时，也至少要保证一部疏散楼梯仅供该场所使用，不与其他用途的场所或楼层共用。

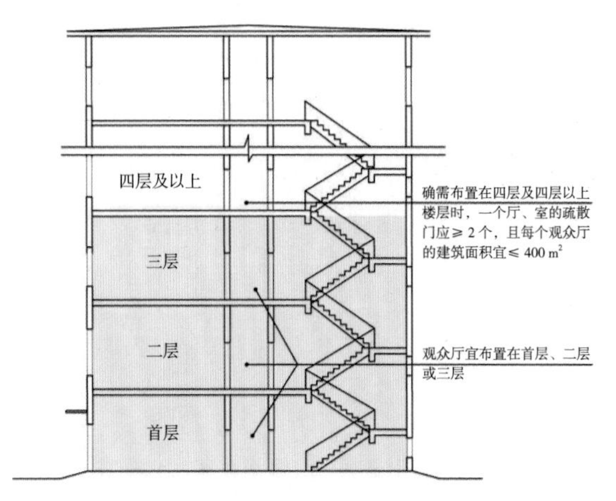

图 4-44 设置在一、二级耐火等级建筑内时

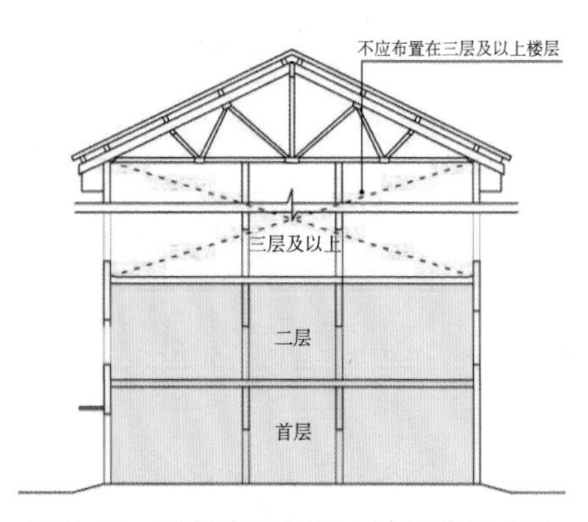

图 4-45 设置在三级耐火等级建筑内时

七、会议厅、多功能厅类设计规范

会议厅、多功能厅等人员密集的场所，宜布置在首层、二层或三层。设置在三级耐火等级建筑内时，不应布置在三层及三层以上楼层。确需布置在一、二级耐火等级建筑的其他楼层时，应符合下列规定（图 4-46）：

（1）一个厅、室的疏散门不应少于 2 个，且建筑面积不宜大于 400 m^2。

（2）设置在地下室或半地下室时，宜设置在地下一层，不应设置在地下三层及三层以下楼层。

（3）设置在高层建筑内时，应设置火灾自动报警系统和自动喷水灭火系统等自动灭火系统。

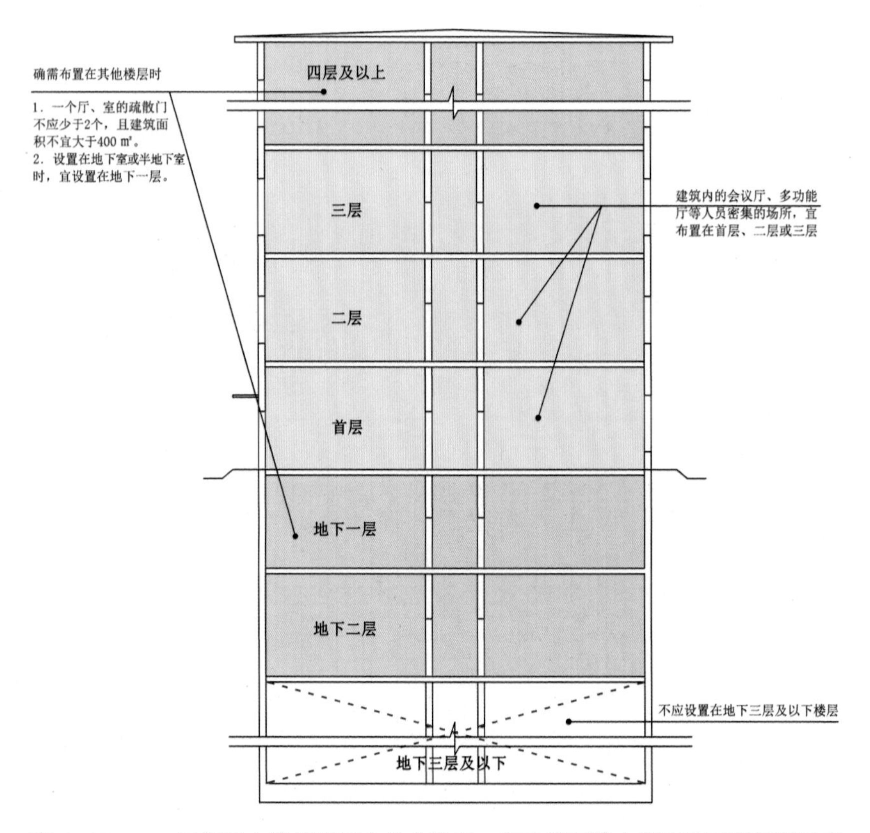

图 4-46 一、二级耐火等级建筑内的会议厅、多功能厅等人员密集场所剖面示意

八、歌舞娱乐类设计规范

歌舞厅、录像厅、夜总会、卡拉 OK 厅（含具有卡拉 OK 功能的餐厅）、游艺厅（含电子游艺厅）、桑拿浴室（不包括洗浴部分）、网吧等歌舞娱乐放映游艺场所（不含剧场、电影院）的布置应符合下列规定（图 4-47、图 4-48）：

（1）不应布置在地下二层及以下楼层，应布置在地下一层及以上楼层。

（2）当布置在地下一层时，地下一层的地面与室外出入口地坪的高差不应大于 10 m。

（3）宜布置在一、二级耐火等级建筑内的首层、二层或三层的靠外墙部位，不宜布置在袋形走道的两侧或尽端。

（4）当布置在地下一层或地上四层及以上楼层时，一个厅、室的建筑面积不应大于 200 m²。

（5）厅、室之间及与建筑的其他部位之间，应采用耐火极限不低于 2.00 h 的防火隔墙和 1.00 h 的不燃性楼板分隔，设置在厅、室墙上的门和该场所与建筑内其他部位相通的门均应采用乙级防火门。

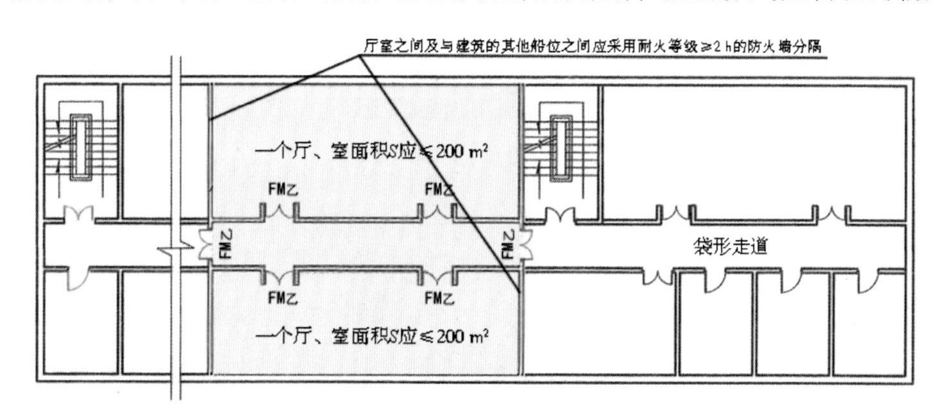

图 4-47　平面示意

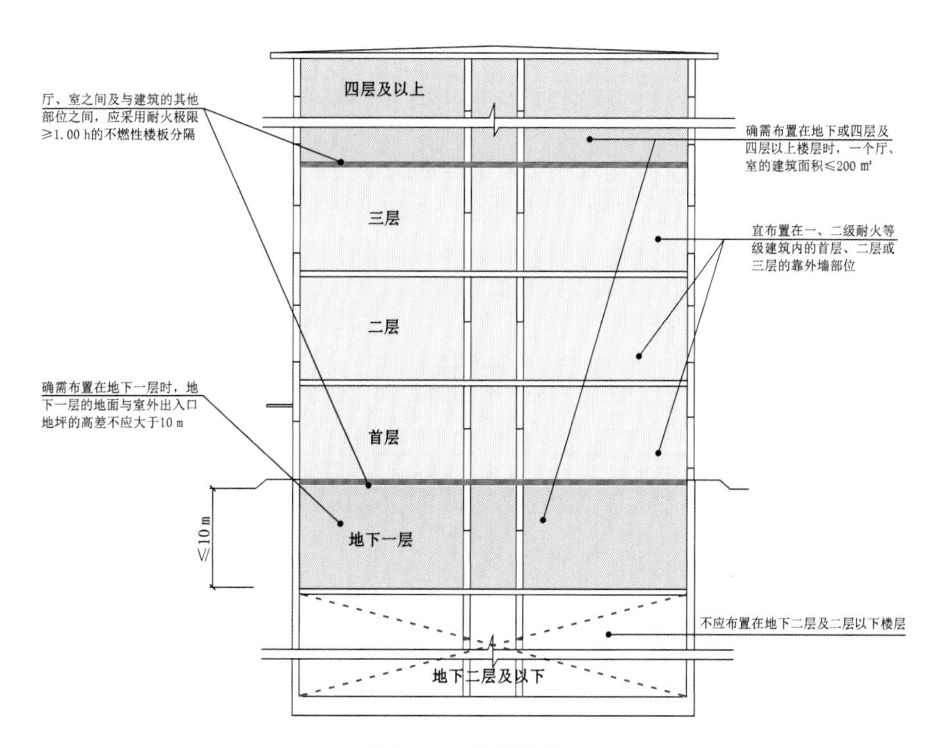

图 4-48　剖面示意

单元四 公共建筑空间安全疏散

公共建筑空间安全疏散是建筑防火设计的重点，及时有效的安全疏散可以减少建筑物发生突发事件带来的危险，尤其是对建筑内人员造成的危险。火灾发生后，人员及财产能及时沿疏散路线顺利疏散到安全地带是安全疏散的根本目标。民用建筑应根据其建筑高度、规模、使用功能和耐火等级等因素合理设置安全疏散。安全出口和疏散门的位置、数量、宽度及疏散楼梯间的形式应满足人员安全疏散的要求。

一、安全出口及疏散门

安全出口是保证人们通向安全地带的重要区域，疏散门是人员安全疏散的主要出口，合理的安全出口及疏散门涉及数量、宽度及是否畅通等问题。设计上应满足以下要求：

（1）建筑内的安全出口和疏散门应分散布置，且建筑内每个防火分区或一个防火分区的每个楼层、每个住宅单元每层相邻两个安全出口及每个房间相邻两个疏散门最近边缘之间的水平距离不应小于 5 m。自动扶梯和电梯不应计作安全疏散设施（图 4-49）。

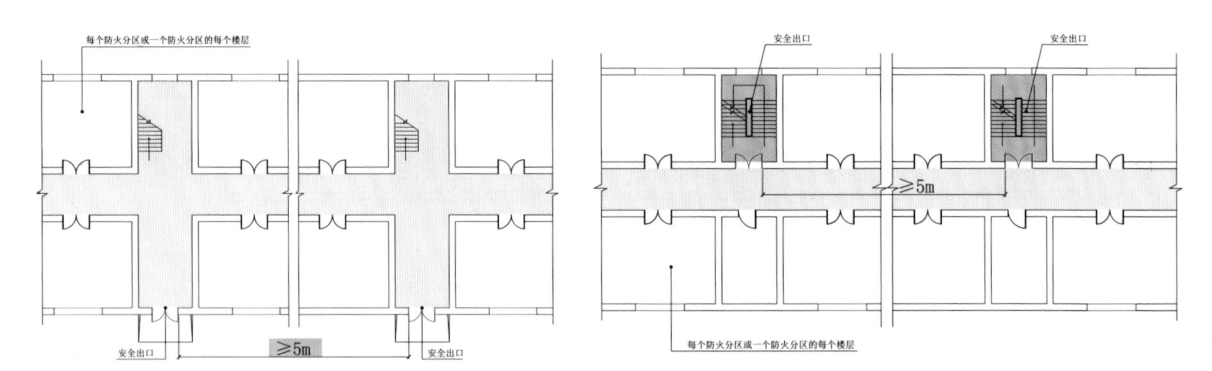

图 4-49 平面示意

（2）公共建筑内每个防火分区或一个防火分区的每个楼层，其安全出口的数量应经计算确定，且不应少于 2 个。设置 1 个安全出口或 1 部疏散楼梯的公共建筑应符合下列条件之一（图 4-50）。

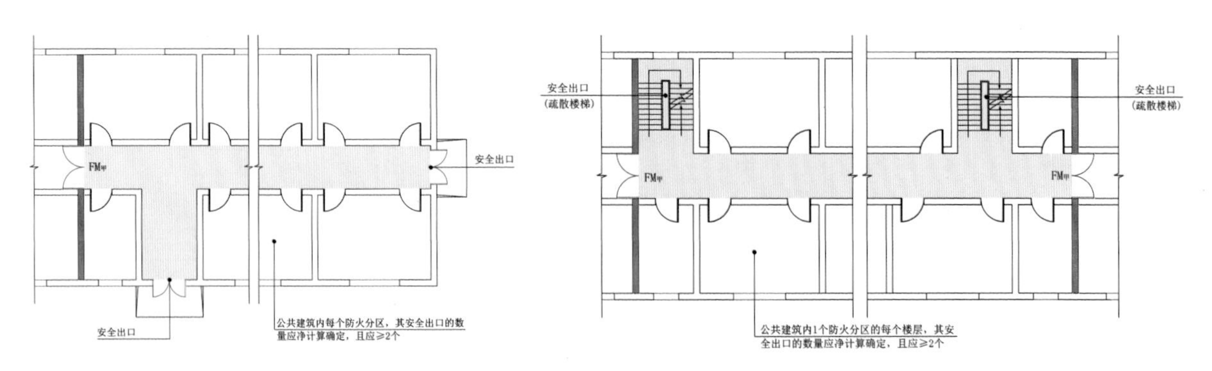

图 4-50 首层及标准层平面示意

注：除托儿所、幼儿园外，设置 1 个安全出口（疏散楼梯）时应满足单层公共建筑或多层公共建筑的首层的建筑面积不大于 200 m^2 且人数不超过 50 人。

1）除托儿所、幼儿园外，建筑面积不大于 200 m^2 且人数不超过 50 人的单层公共建筑或多层公共建筑的首层。

2）除医疗建筑，老年人照料设施，托儿所、幼儿园的儿童用房、儿童游乐厅等儿童活动场所和歌舞娱乐放映游艺场所等外，应符合表 4-5 的规定。

表 4-5　可设置 1 部疏散楼梯的公共建筑

耐火等级	最多层数	每层最大建筑面积 /m^2	人数
一、二级	3 层	200	第二、三层的人数之和不超过 50 人
三级	3 层	200	第二、三层的人数之和不超过 25 人
四级	2 层	200	第二层人数不超过 10 人

（3）一、二级耐火等级公共建筑内的安全出口全部直通室外确有困难的防火分区，可利用通向相邻防火分区的甲级防火门作为安全出口，但应符合下列要求（图 4-51）：

1）利用通向相邻防火分区的甲级防火门作为安全出口时，应采用防火墙与相邻防火分区进行分隔。

2）建筑面积大于 1 000 m^2 的防火分区，直通室外的安全出口不应少于 2 个；建筑面积不大于 1 000 m^2 的防火分区，直通室外的安全出口不应少于 1 个。

3）该防火分区通向相邻防火分区的疏散净宽度不应大于其按相关规范规定计算所需疏散总净宽度的 30%，建筑各层直通室外的安全出口总净宽度不应小于按照相关规范规定计算所需疏散总净宽度。

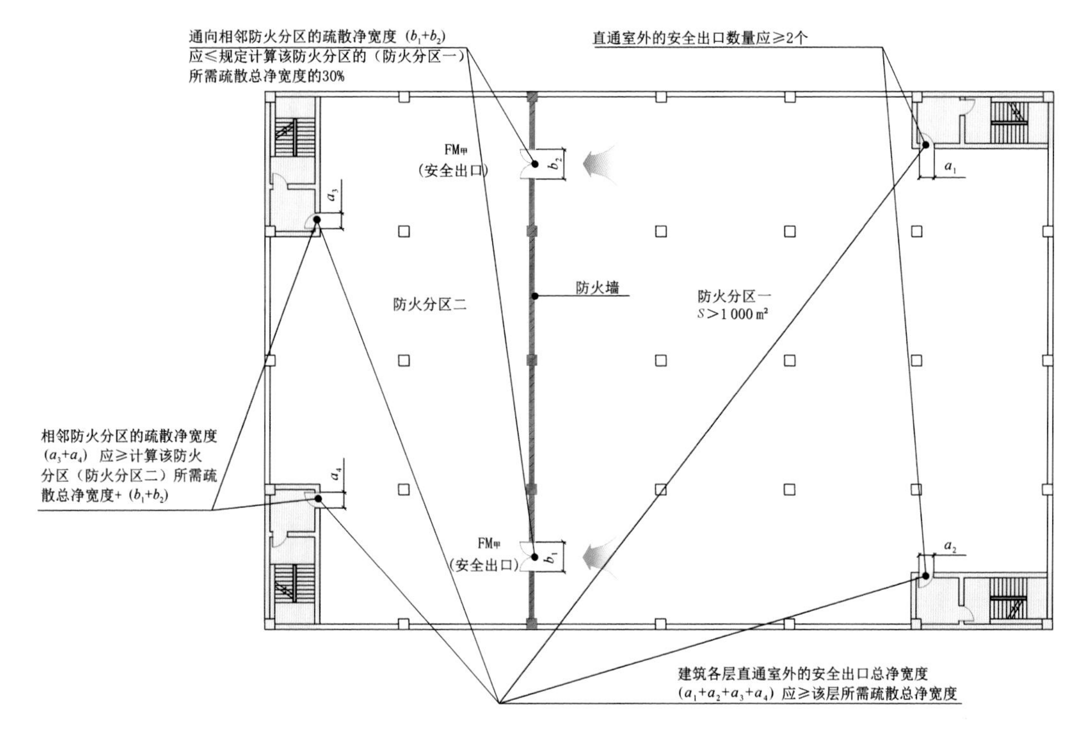

图 4-51　平面示意

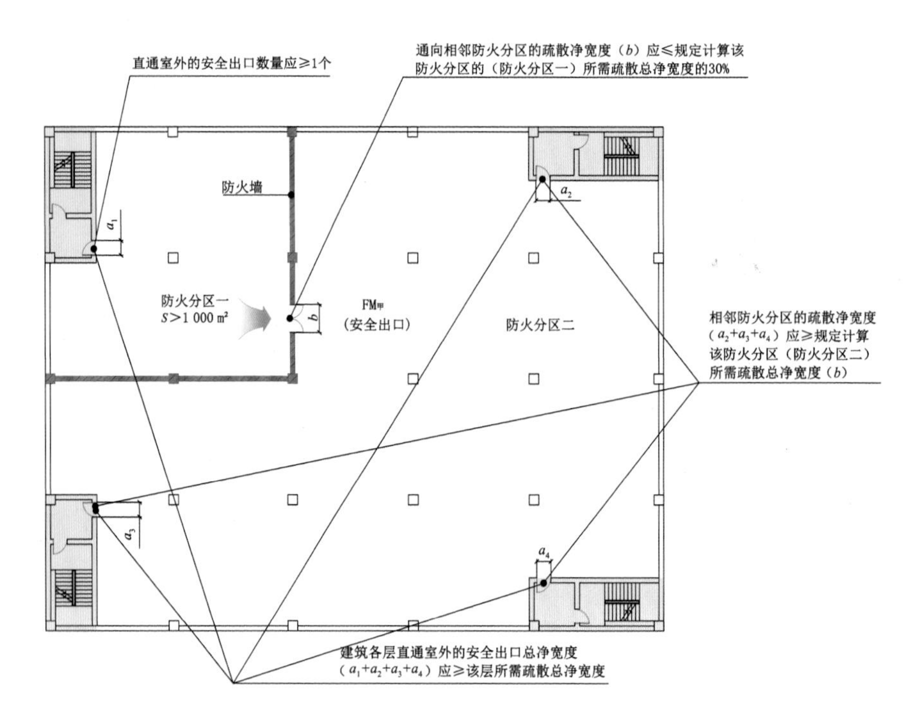

图 4-51 平面示意（续）

（4）公共建筑内房间的疏散门数量应经计算确定且不应少于 2 个。除托儿所、幼儿园、老年人照料设施、医疗建筑、教学建筑内位于走道尽端的房间外，符合下列条件之一的房间可设置 1 个疏散门（图 4-52）。

1）位于两个安全出口之间或袋形走道两侧的房间，对于托儿所、幼儿园、老年人照料设施，建筑面积不大于 50 m²；对于医疗建筑、教学建筑，建筑面积不大于 75 m²；对于其他建筑或场所，建筑面积不大于 120 m²。

2）位于走道尽端的房间，建筑面积小于 50 m² 且疏散门的净宽度不小于 0.9 m，或由房间内任一点至疏散门的直线距离不大于 15 m、建筑面积不大于 200 m² 且疏散门的净宽度不小于 1.40 m。

3）歌舞娱乐放映游艺场所内建筑面积不大于 50 m² 且经常停留人数不超过 15 人的厅、室。

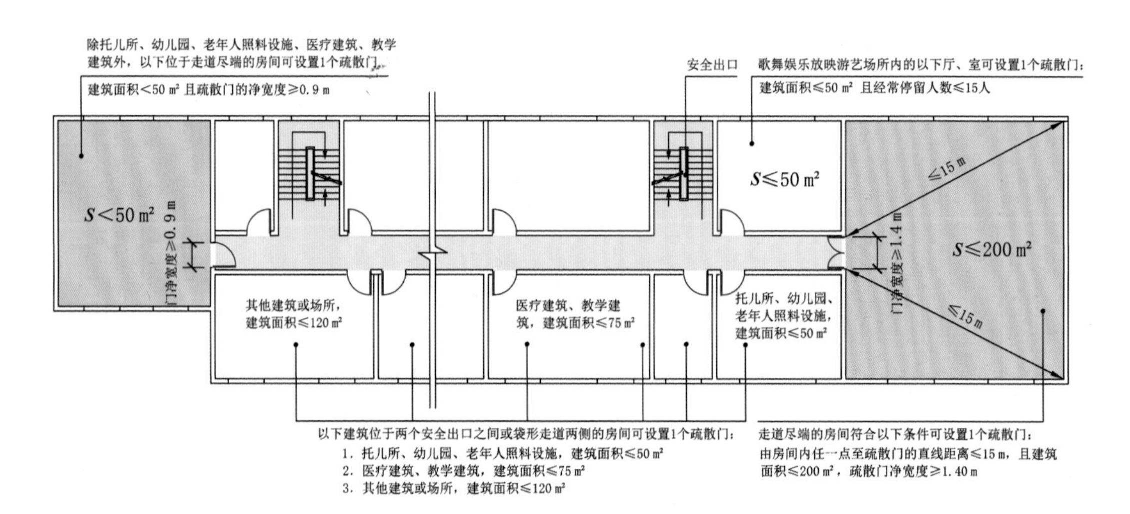

图 4-52 平面示意

二、安全疏散距离

安全疏散距离是指火灾时人员从室内最不利地点到达安全出口的距离。安全疏散距离是保证室内人员能够在有效的时间内到达安全区域十分重要的指标，将直接影响安全疏散所需的时间。如果安全疏散距离过大，安全疏散所需时间就长，若超过了允许的疏散时间，将会增加人员伤亡，因此，控制建筑的安全疏散距离就显得很重要。

合理的安全疏散路线是安全疏散的关键。所谓安全疏散路线，即当火灾发生时，人们可逐步进入安全地带，而不至于造成逆流。因此，在设计安全疏散路线时，应做到简捷，便于寻找、辨认。安全疏散路线可分为四段：从室内最不利点向房门的疏散、从房间门外侧至楼梯间入口处的疏散、从楼梯间入口至楼梯间出口的疏散、从楼梯间出口至室外安全区域的疏散。安全疏散路线一定是安全疏散距离、疏散时间最短的路线。直通疏散走道的房间疏散门至最近安全出口的直线距离不应大于表 4-6 的规定（图 4-53）。

表 4-6　直通疏散走道的房间疏散门至最近安全出口的直线距离　　m

名称			位于两个安全出口之间的疏散门			位于袋形走道两侧或尽端的疏散门		
			一、二级	三级	四级	一、二级	三级	四级
托儿所、幼儿园、老年人建筑			25	20	15	20	15	10
歌舞娱乐放映游艺场所			25	20	15	9	—	—
医疗建筑	单、多层		35	30	25	20	15	10
	高层	病房部分	24	—	—	12	—	—
		其他部分	30	—	—	15	—	—
教学建筑	单、多层		35	30	25	22	20	10
	高层		30	—	—	15	—	—
高层旅馆、展览建筑			30	—	—	15	—	—
其他建筑	单、多层		40	35	25	22	20	15
	高层		40	—	—	20	—	—

注：1. 直通疏散走道的房间疏散门至最近敞开楼梯间的直线距离，当房间位于两个楼梯间之间时，应按本表的规定减少 5 m；当房间位于袋形走道两侧或尽端时，应按表 4-6 的规定减少 2 m。
2. 建筑物内全部设置自动喷水灭火系统时，其安全疏散距离可按表 4-6 的规定增加 25%。

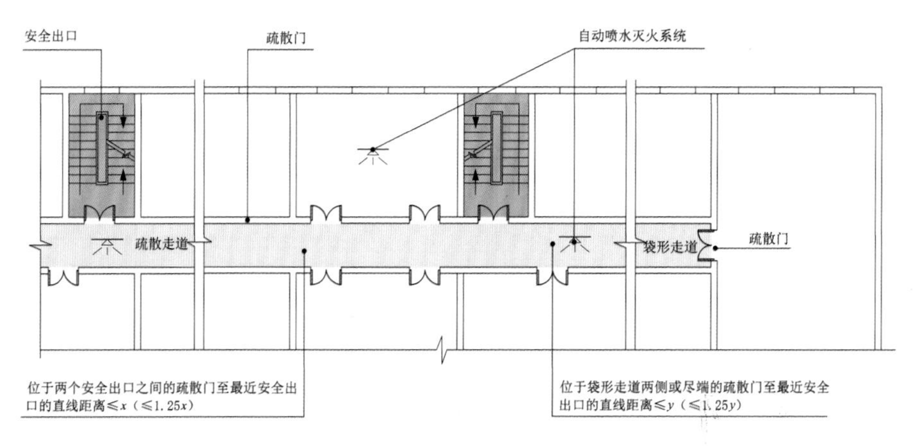

图 4-53　平面示意

图 4-53 平面示意（续）

（1）房间内任一点至房间直通疏散走道的疏散门的直线距离，不应大于表 4-6 规定的袋形走道两侧或尽端的疏散门至最近安全出口的直线距离（图 4-54）。

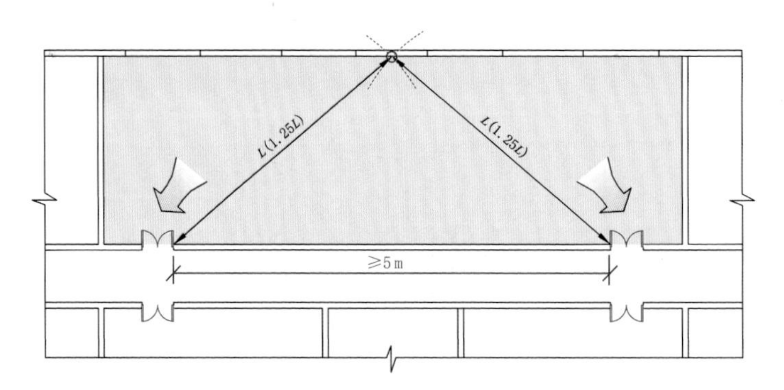

图 4-54 房间内任一点到疏散门的距离平面示意

注：建筑物内全部设置自动喷水灭火系统时，安全疏散距离按括号内数字确定。

（2）一、二级耐火等级建筑内疏散门或安全出口不少于 2 个的观众厅、展览厅、多功能厅、餐厅、营业厅等，其室内任一点至最近疏散门或安全出口的直线距离不应大于 30 m；当疏散门不能直通室外地面或疏散楼梯间时，应采用长度不大于 10 m 的疏散走道通至最近的安全出口。当该场所设置自动喷水灭火系统时，室内任一点至最近安全出口的安全疏散距离可分别增加 25%（图 4-55）。

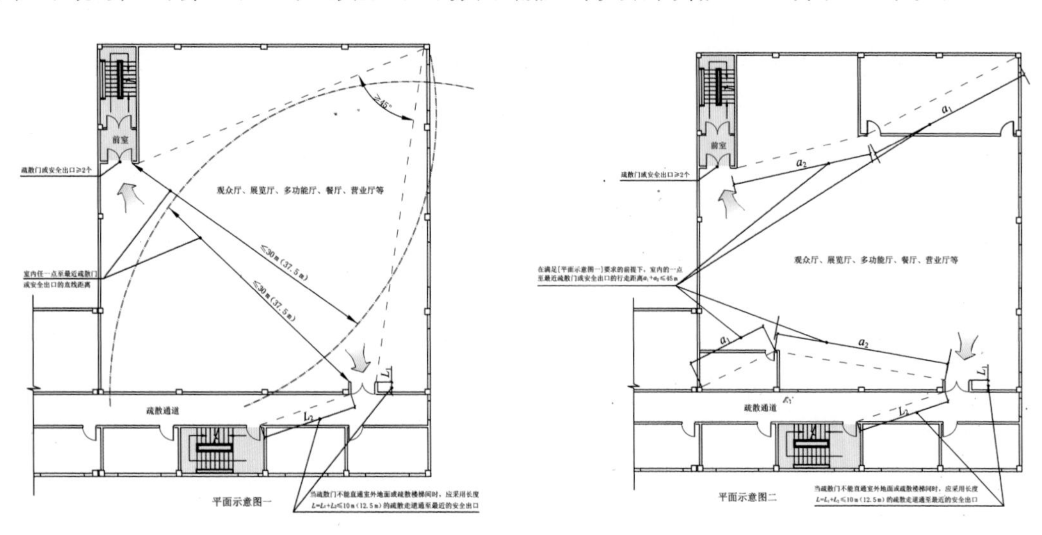

图 4-55 一、二级耐火等级公共建筑平面示意

注：1. 建筑物内全部设置自动喷水灭火系统时，安全疏散距离按括号内数字确定。

2. “$a_1+a_2 \leq 45$ m（$b_1+b_2 \leq 45$ m）”为参照《人员密集场所消防安全管理》（GA 654—2006）中有关“行走距高”的相关规定。

三、安全疏散宽度

安全疏散宽度是决定疏散时间的重要因素，在建筑消防设计中，安全疏散宽度的计算对于设计满足人员疏散条件至关重要，它是消防设计和审核中不可忽视的内容。除《建筑设计防火规范（2018年版）》（GB 50016—2014）另有规定外，公共建筑内疏散门和安全出口的净宽度不应小于 0.90 m，疏散走道和疏散楼梯的净宽度不应小于 1.10 m（图 4-56）。

（1）高层公共建筑内楼梯间的首层疏散门、首层疏散外门、疏散走道和疏散楼梯的最小净宽度应符合表 4-7 的规定（图 4-57）。

表 4-7 高层公共建筑内楼梯间的首层疏散门、首层疏散外门、疏散走道和疏散楼梯最小净宽度 m

建筑类别	楼梯间的首层疏散门、首层疏散外门	走道		疏散楼梯
		单面布房	双面布房	
高层医疗建筑	1.3	1.4	1.5	1.3
其他高层公共建筑	1.2	1.3	1.4	1.2

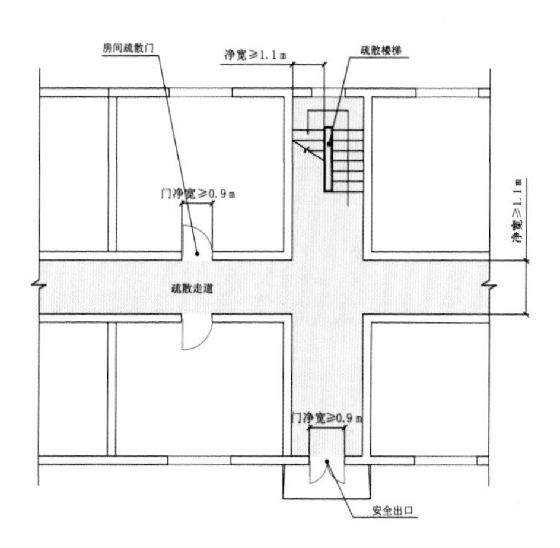

图 4-56 公共建筑平面示意

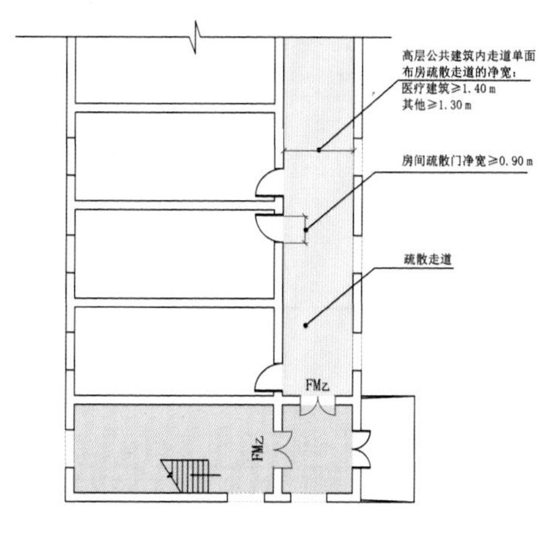

图 4-57 高层公共建筑平面示意

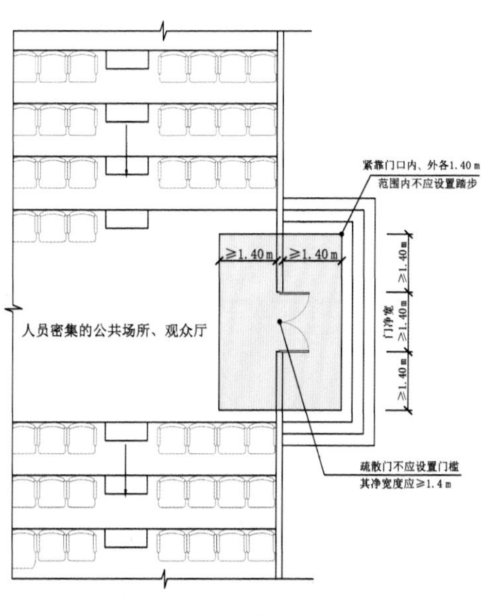

图 4-58 公共建筑平面示意

（2）人员密集的公共场所、观众厅的疏散门不应设置门槛，其净宽度不应小于 1.40 m，且紧靠门口内、外各 1.40 m 范围内不应设置踏步（图 4-58）。

（3）剧场、电影院、礼堂、体育馆等场所的疏散走道、疏散楼梯、疏散门、安全出口的各自总净宽度应符合下列规定：

1）观众厅内疏散走道的净宽度应按每 100 人不小于 0.60 m 计算，且不应小于 1.00 m；边走道的净宽度不宜小于 0.80 m。

2）布置疏散走道时，横走道之间的座位排数不宜超过 20 排；纵走道之间的座位数：剧场、电影院、礼堂等，每排不宜超过 22 个，体育馆，每排不宜超过 26 个，前、后排座椅的排距不小于 0.90 m 时，可增加 1.0 倍，但不得超过 50 个，仅一侧有纵走道时，座位数应减少一半（图 4-59）。

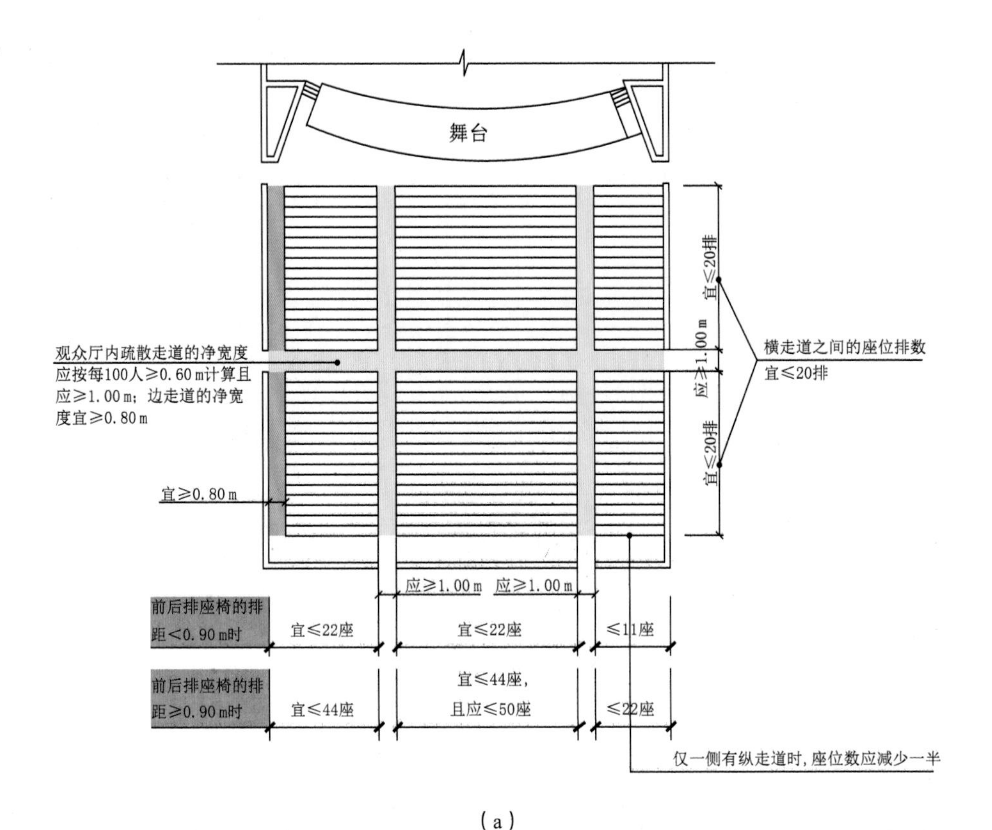

(a)

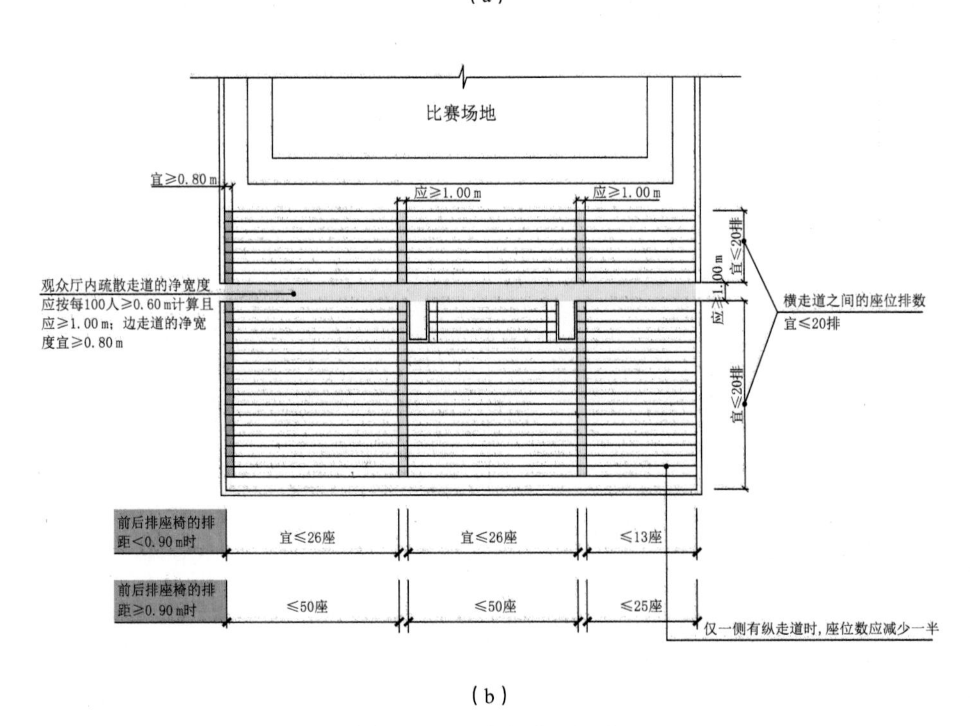

(b)

图 4-59 观众厅平面示意

(a) 剧场、电影院、礼堂；(b) 体育馆

3）剧场、电影院、礼堂等场所供观众疏散的所有内门、外门、楼梯和走道的各自总净宽度，应根据疏散人数按每 100 人的最小疏散净宽度不小于表 4-8 的规定计算确定（图 4-60）。

表 4-8　剧场、电影院、礼堂等场所每 100 人所需最小疏散净宽度

观众厅座位数 / 座			≤ 2 500	≤ 1 200
耐火等级			一、二级	三级
疏散部位 /(m · 百人$^{-1}$)	门和走道	平坡地面	0.65	0.85
		阶梯地面	0.75	1.00
	楼 梯		0.75	1.00

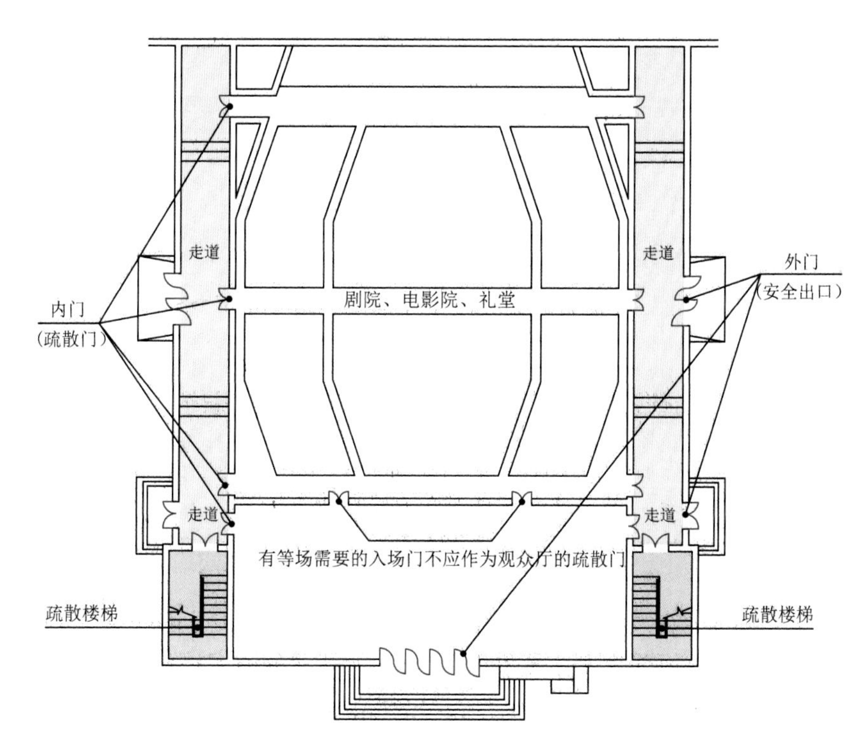

图 4-60　独立建造的剧院（电影院、礼堂）平面示意

注：1. 供观众疏散的内门、外门和走道的各自总净宽度按以下疏散宽度指标计算确定。
　　观众厅≤ 2 500 座（一、二级耐火等级建筑），平坡地面时≥ 0.65 m/ 百人；阶梯地面时≥ 0.75 m/ 百人。
　　观众厅≥ 1 200 座（三级耐火等级建筑），平坡地面时≥ 0.85 m/ 百人；阶梯地面时≥ 1.00 m/ 百人。
　2. 供观众疏散的楼梯总净宽度按以下疏散宽度指标计算确定。
　　观众厅≤ 2 500 座（一、二级耐火等级建筑）时≥ 0.75 m/ 百人。
　　观众厅≤ 1 200 座（三级耐火等级建筑）≥ 1.00 m/ 百人。

4）体育馆供观众疏散的所有内门、外门、楼梯和走道的各自总净宽度，应根据疏散人数按每 100 人的最小疏散净宽度不小于表 4-9 的规定计算确定。

表 4-9　体育馆每 100 人所需最小疏散净宽度

观众厅座位数 / 座			3 000~5 000	5 001~10 000	10 001~20 000
疏散部位 /(m · 百人$^{-1}$)	门和走道	平坡地面	0.43	0.37	0.32
		阶梯地面	0.50	0.43	0.37
	楼 梯		0.50	0.43	0.37

注：本表中对应较大座位数范围按规定计算的疏散总净宽度，不应小于对应相邻较小座位数范围按其最多座位数计算的疏散总净宽度。

（4）除剧场、电影院、礼堂、体育馆外的其他公共建筑，其房间疏散门、安全出口、疏散走道和疏散楼梯的各自总净宽度，应符合下列规定。

1）每层的房间疏散门、安全出口、疏散走道和疏散楼梯的各自总净宽度，应根据疏散人数按每100人的最小疏散净宽度不小于表4-10的规定计算确定（图4-61、图4-62）。

表4-10 每层房间疏散门、安全出口、疏散走道和疏散楼梯的每100人最小疏散净宽度 m/百人

建筑层数		建筑的耐火等级		
		一、二级	三级	四级
地上楼层	1~2层	0.65	0.75	1.00
	3层	0.75	1.00	—
	≥4层	1.00	1.25	—
地下楼层	与地面出入口地面的高差 $\Delta H \leq 10$ m	0.75	—	—
	与地面出入口地面的高差 $\Delta H > 10$ m	1.00	—	—

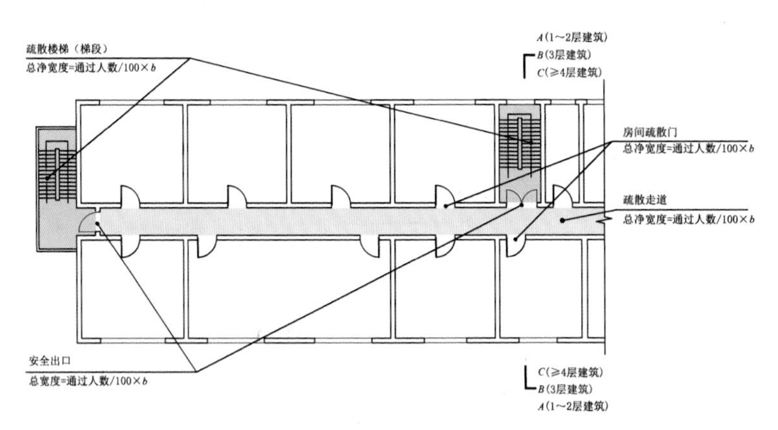

图4-61 平面示意

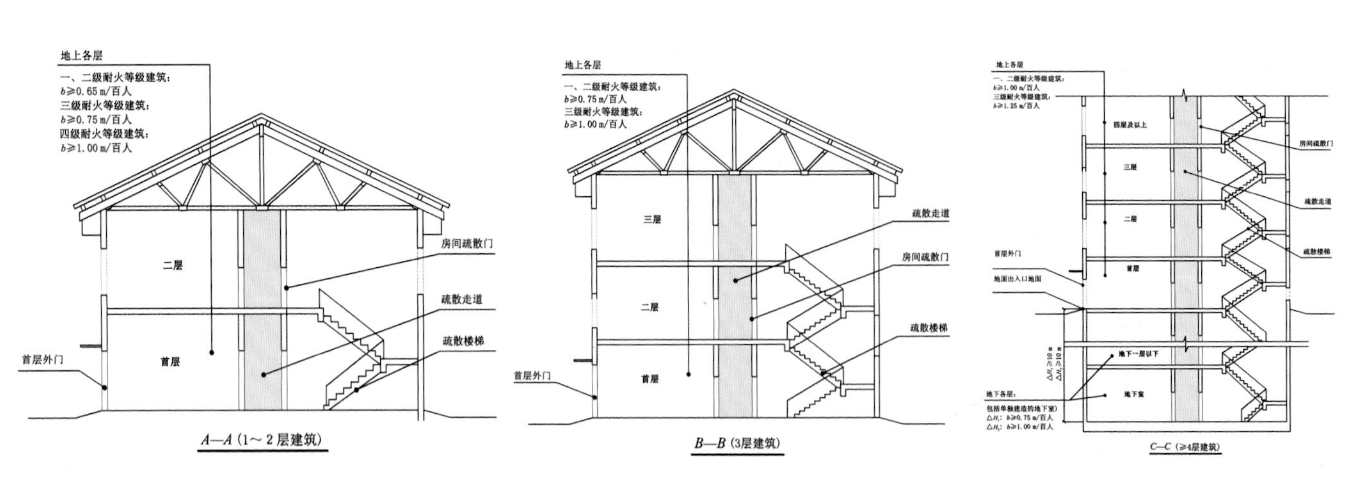

图4-62 立面示意

注：同层中疏散走道、安全出口、疏散楼梯的每百人净宽度值（b）均相同。当安全出口为疏散门时，净宽度应为疏散门净宽度。

2)地下室或半地下室人员密集的厅、室和歌舞娱乐放映游艺场所，其房间疏散门、安全出口、疏散走道和疏散楼梯的各自总净宽度，应根据疏散人数按每 100 人不小于 1.00 m 计算确定（图 4-63）。

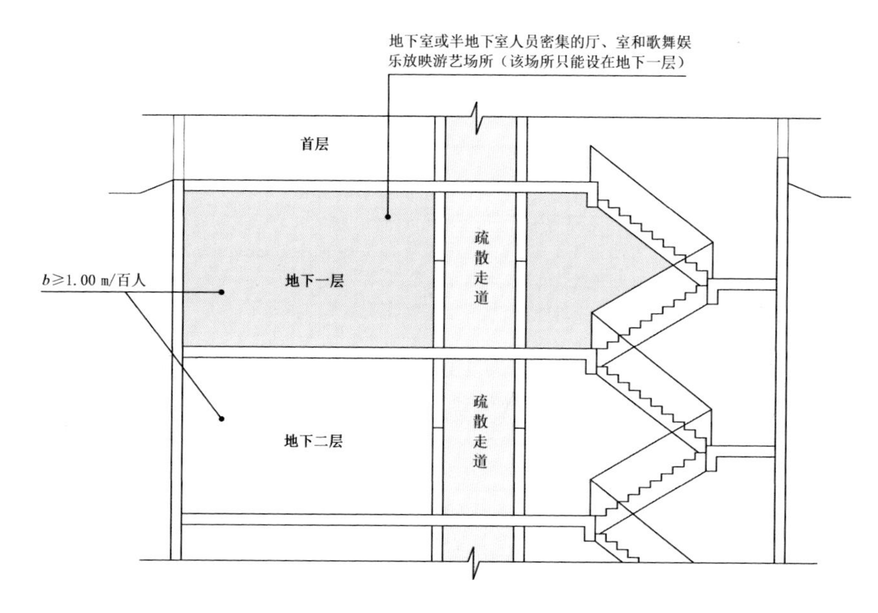

图 4-63　设置在地下室或半地下室的游艺场所剖面示意

注：1. b 为各疏散部位每百人净宽度的规定值。
2. “人员密集的厅、室”包括商店营业厅、证券营业厅等。

3）歌舞娱乐放映游艺场所中录像厅的疏散人数，应根据厅、室的建筑面积按 1.0 人 /m^2 计算；其他歌舞娱乐放映游艺场所的疏散人数，应根据厅、室的建筑面积按不小于 0.5 人 /m^2 计算（图 4-64）。

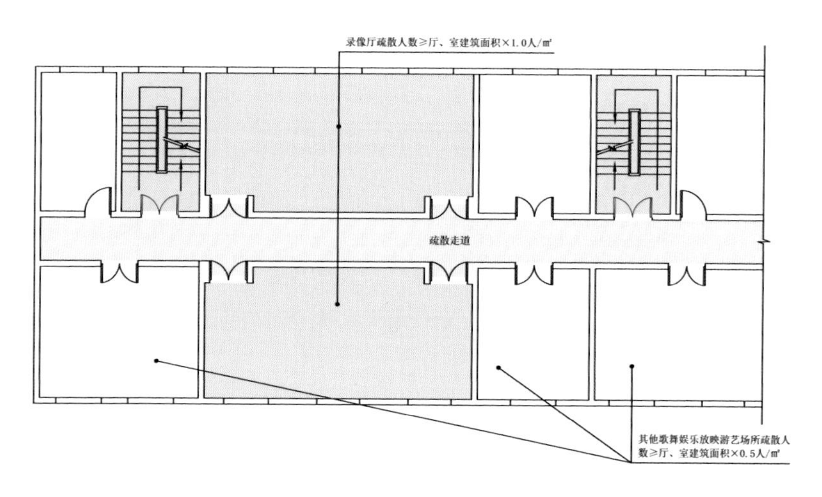

图 4-64　歌舞娱乐游艺场所平面示意

注：1. 有固定座位的场所，其疏散人数可按实际座位数的 1.1 倍计算。
2. 展览厅的疏散人数应根据其建筑面积和人员密度计算，展览厅内的人员密度宜≥ 0.75 人 /m^2。

4）商店的疏散人数应按每层营业厅的建筑面积乘以表 4-11 规定的人员密度计算。对于建材商店、家具和灯饰展示建筑，其人员密度可按表 4-11 规定值的 30% 确定（图 4-65）。

表 4-11 商店营业厅内的人员密度 人/m²

楼层位置	地下二层	地下三层	地上一、二层	地上三层	地上四层及以上
人员密度	0.56	0.6	0.43~0.60	0.39~0.54	0.30~0.42

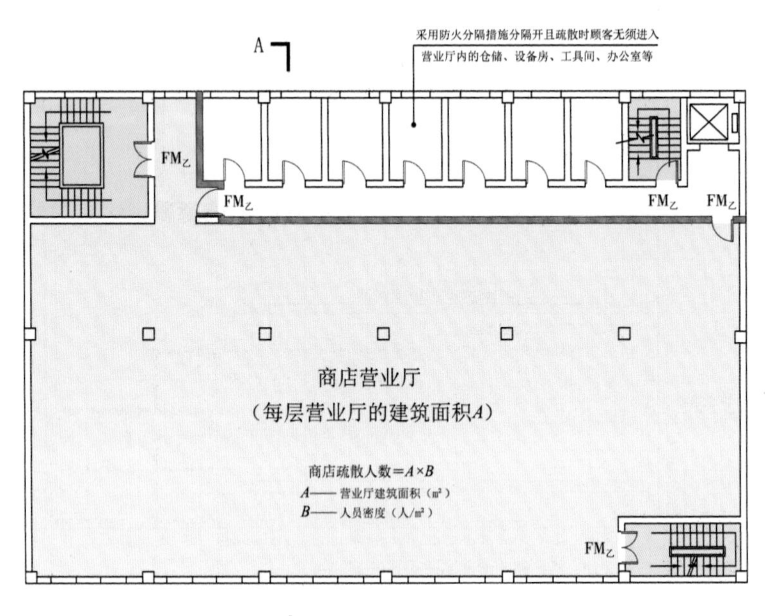

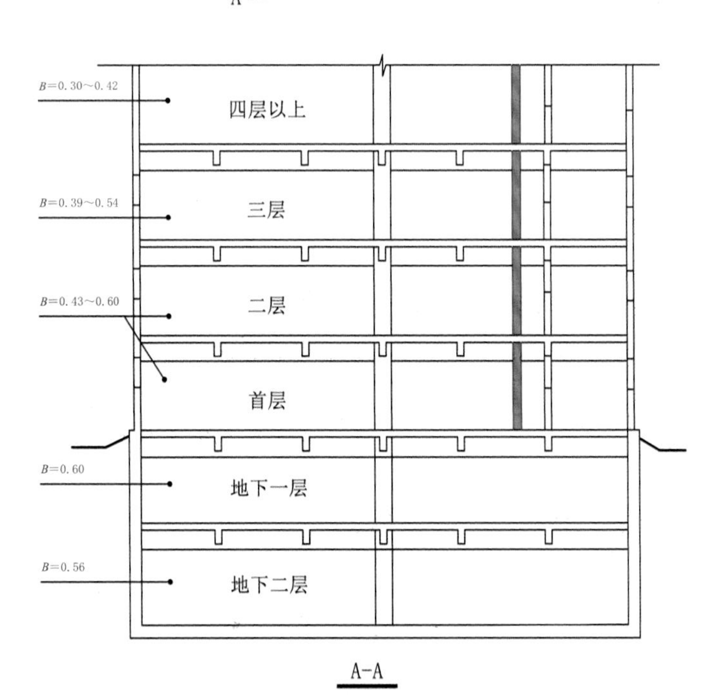

图 4-65 商店示意

注：1. 建筑面积 A 包括营业厅内展示货架、柜台、走道等顾客参与购物的场所，以及营业厅内的卫生间、楼梯间、自动扶梯等的建筑面积。采用防火分隔措施分隔开且疏散时顾客无须进入营业厅内的仓储、设备房、工具间、办公室等可不计入该建筑面积。

2. 对于建材商店、家具和灯饰展示建筑，可按 B 的 30% 确定，而当一座商店建筑内设置有多种商业用途时，考虑到不同用途区域可能会随经营状况或经营者的变化而变化，尽管部分区域可能用于家具、建材经销等类似用途，但人员密度仍需要按照该建筑的主要商业用途来确定，不能再按照上述方法折减。

单元五 项目实训

项目实训任务

实训任务

任务参考

实训任务书

实训项目

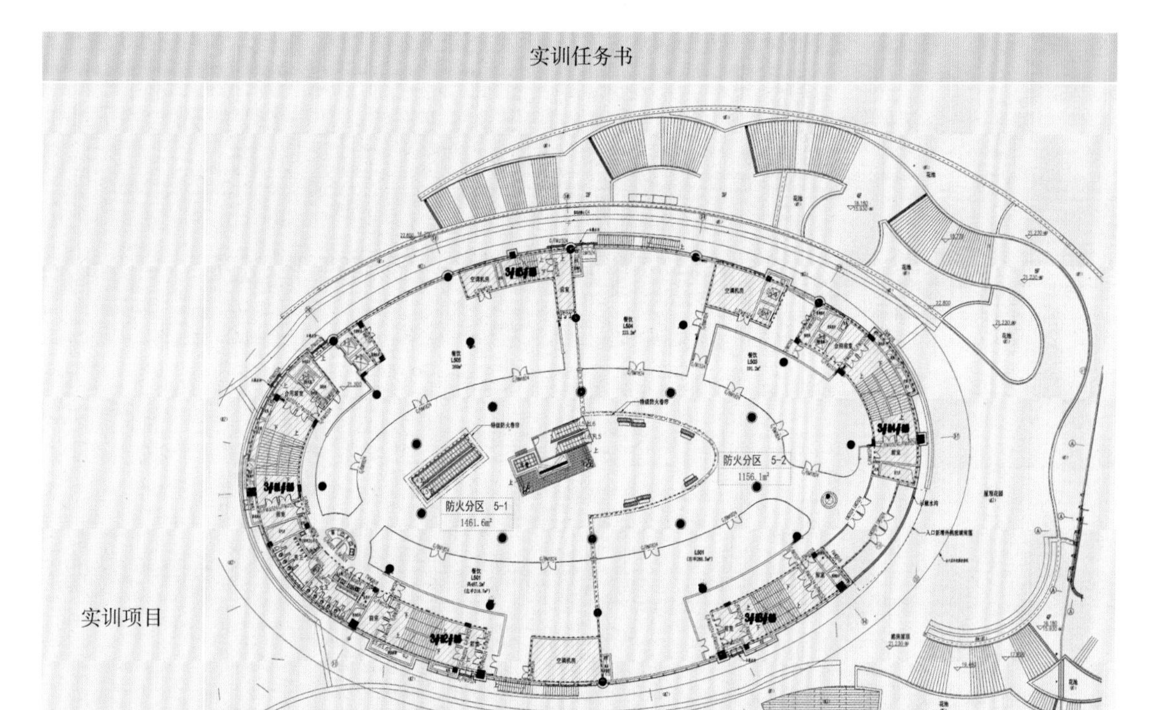

五层防火分区	使用功能	防火分区面积	营业厅建筑面积	疏散人数计算方法	计算疏散人数	设计安全疏散宽度	现有楼梯宽度	安全疏散宽度对比	是否满足规范
5-1 防火分区	通道	1 461.6							
	餐饮								
5-2 防火分区	通道	1 156.1							
	餐饮								
总防火分区									

项目概况	本项目为某购物中心五层平面图，为多层民用建筑，耐火等级为二级。该楼层设有两个防火分区，防火分区 5-1 面积为 1 461.6 m²；防火分区 5-2 面积为 1 156.1 m²。商业业态主要为餐饮，空间内设置有 5 部疏散楼梯，外部有室外平台及直通一楼的室外楼梯
设计内容及要求	（1）通过本单元安全疏散宽度计算方式的介绍，利用公式“安全疏散宽度 =（营业厅面积 + 餐厅面积）× 每 100 人最小疏散净宽度 × 人员密度”，计算出表格里每个防火分区空白处的内容（疏散人数、设计安全疏散宽度、现有楼梯疏散宽度）。最后分析该楼层所有防火分区的安全疏散宽度是否满足要求。 （2）在 CAD 平面图上标出各安全疏散的位置和宽度，画出防火分区不利点至疏散楼梯的最大疏散距离是否符合要求
提交成果	CAD 文件、Excel 表格
建议学时	4 学时

在线答题

MODULE FIVE

模块五 公共建筑空间专项设计

教学目标

1. 知识目标

（1）了解不同类型公共建筑空间的设计基本理论及原理。

（2）掌握不同类型公共建筑空间设计的方法与设计要点。

2. 能力目标

（1）能对不同类型的公共建筑空间进行设计。

（2）能对各类型的公共建筑空间进行分析和设计创新。

3. 素质目标

挖掘艺术设计的个性表达潜能，培养认真刻苦的学习态度和良好的团队协作精神，具备适应社会需求的可持续发展能力和综合素质。

教学内容

（1）办公空间设计。

（2）餐饮空间设计。

（3）商业空间设计。

（4）酒店空间设计。

教学重点

（1）公共建筑空间的功能定位的整体把握。

（2）公共建筑空间的设计标准及规范。

（3）公共建筑空间的造型及功能的组合设计。

单元一　办公空间设计

空间原是由一个物体同感知它的人之间产生的相互关系所形成的。办公空间是为办公而设立的场所，是依照人们自己的需求对客观存在的环境的一种利用和再创造。它充分体现对人的关怀，使办公空间的室内环境具有舒适性和灵活性。对于现代办公空间设计而言，从设计构思、空间功能划分、基本美学素养到施工工艺、装饰材料、陈设布置等都决定了一个办公场所的成功与否。必须将社会文化、生产水平、精神需求联系到一起，才能创造出一个功能齐全、高效舒适的办公场所。

课件：办公空间设计

任务一　办公空间的分类和构成

一、办公空间的分类

办公空间不仅指办公室之类的孤立空间，还包括机关、商业、企事业单位等办理行政事务和从事业务活动的办公环境系统。办公环境是现代办公空间设计的核心内容，因此，研究办公空间的分类是办公空间设计的基础。

办公空间的分类有很多方式和依据，最根本的是以办公空间的业务性质、布局形式、开放程度分类。

1. 按办公空间的业务性质分类

（1）行政办公空间：主要是指国家机关、企事业单位的行政职能部门的办公空间，或以事务管理为主要业务的服务性私人机构，如市府大楼、市民服务中心等办公空间，其特点是严肃、认真、稳重。办公室设计风格多以朴实、大方和实用为主，具有一定的时代性。

（2）商业办公空间：主要是指商业和服务业单位的办公空间，商业办公空间具有较强的服务性，如科研部门及商业、金融、保险等行业的办公空间。此类办公空间的设计风格特点是在实现专业功能的同时，体现自己特有的专业形象。

（3）专业办公空间：主要是指能够提供专项业务和咨询的机构办公部门，其性质可以是行政或商业，如设计公司、舞蹈机构、电影机构等专业场所。此类办公空间具有较强的专业性，其办公形态多以交流、创造、制作为主体，各职能部门处于平行关系，通过各部门的密切合作完成任务。

2. 按办公空间的布局形式分类

办公空间按布局形式可分为单元式、公寓式、景观式。

（1）单元式办公空间：在办公空间中，除文印、资料展示、晒图等服务用房为人们共同使用外，其他空间具有相对独立的办公功能。单元式办公空间充分运用各项公共服务设施，且相对独立。因此，单元式办公空间是常用的办公空间形式，使用率很高。

（2）公寓式办公空间：其特点是除可以办公外，还提供用餐和住宿的双重功能，给需要为员工提供居住功能的企业带来方便。

（3）景观式办公空间：此设计注重人与人之间的情感愉悦，创造人际关系的和谐，倡导环保设计观，这就是所谓的“景观办公空间”模式。景观式办公空间的特点是在空间布局上创造出一种非理性的，自然而然的，具有宽容、自在心态的空间形式，即“人性化”的空间环境。生态意识应贯穿景观式办公空间设计的始终，无论是办公空间外观的设计、内部空间的设计还是整体设计，都应注重人与自然的完美结合，力求在办公空间区域内营造出户外生态环境。

3. 按办公空间的开放程度分类

办公空间按开放程度可分为封闭式、半封闭式、开敞式（图 5-1 ~ 图 5-3）。

（1）封闭式办公空间：以建筑墙体和屏风隔断所围合的固定的、独立的空间，是一种传统的办公空间形式。独立的封闭式办公空间具有视觉和听觉上的私密性，环境安静，互不干扰；其缺点是不利于员工之间的交流，办公室布置也较为呆板。

（2）半封闭式办公空间：半封闭式办公空间是指建筑内部办公环境中无墙体和封闭隔断围合，但有墙体或隔断进行部分分隔的办公空间形式。其在封闭式的基础上，利用透明或半透明材料、可折叠移动材料进行隔断，划分独立空间。其优点是结合封闭式办公空间隐蔽性强的特点，弥补了其存在的缺点。其缺点是对材料的应用存在长效性。

（3）开敞式办公空间：建筑内部办公环境中无墙体和隔断阻隔，仅以家具和设备组合形成的空间环境。其优点是空间流动性强、便于沟通交流、布局易于变动；其缺点是部门之间干扰大、风格变化小，且只有全部门人员同时办公时，空调和照明才能充分发挥作用，否则空调和照明浪费较大。

图 5-1 封闭式办公空间

图 5-2 半封闭式办公空间

图 5-3　开敞式办公空间

二、办公空间的构成

办公空间作为功能空间的集合体，按照各自功能的不同，可分为主要办公空间、公共接待空间、交通联系空间、配套服务空间及附属设施空间等。其主要包括生活功能、流线功能和设备功能三大部分。生活功能空间包括茶水间、休息室、娱乐室、卫生间、员工餐厅等；流线功能空间是指楼梯、电梯、走廊等部分；设备功能空间包括空调机房、变电室、消控室等。每个功能空间都是整个办公空间中的重要组成部分，是满足人们的某种需要的集合。

1. 主要办公空间

主要办公空间是整个办公空间的主体和核心部分，按照规模大小可分为小型办公空间、中型办公空间和大型办公空间三种。

（1）小型办公空间：其私密性和独立性较好，面积一般较小，配置设施较少，空间相对封闭，办公环境安静，干扰少。其缺点是办公组团联系不便。

（2）中型办公空间：其对外联系较方便，内部联系也较紧密，适应组团型的办公方式。

（3）大型办公空间：其内部空间既有一定的独立性，又有较为密切的联系，各部分的分区相对较为灵活自由，适用于各个组团共同作业的办公方式。

2. 公共接待空间

公共接待空间是整个办公空间中的过渡部分，是一种缓冲空间，主要是指用于办公楼内进行聚会、展示、接待、会议等活动需求的空间（图 5-4）。

（1）接待区：通常包括接待台、形象展示墙、等候区等一系列功能空间。

（2）会议区：一般包括会议室、洽谈室、资料阅览室、多功能厅等功能空间。为了迎合现代化商务办公功能，可安装远程会议数字多媒体系统。

图 5-4　公共接待空间

3. 配套服务空间

配套服务空间是为办公空间提供舒适性和便捷性而存在的空间，其中体现的“在生活中工作，在工作中生活”的概念被越来越多的人接受。配套服务空间是为主要办公空间提供信息和资料的收集、整理与存放需求的空间及为员工提供生活、卫生服务和后勤管理的空间。配套服务空间通常有资料室、档案室、文印室、晒图房、茶水间、卫生间及后勤管理办公室等（图 5-5）。

图 5-5 配套服务空间

4. 附属设施空间

附属设施空间主要包括变电室、中央控制室、空调机房等。附属并不等同于可有可无，它有着不可替代的存在价值。变电室为整个办公空间提供电力供应；中央控制室和空调机房掌管通风、空调、监控等重要功能。每一部分都各司其职，不可或缺。

任务二 办公空间常用设计规范

一、一般设计规范

（1）办公建筑的走道宽度应满足防火疏散要求，最小净宽应符合表 5-1 的规定。

表 5-1 走道最小净宽 m

走道长度	走道净宽	
	单面布房	双面布房
≤ 40	1.30	1.50
＞ 40	1.50	1.80

注：高层内筒结构的回廊式走道净宽最小值同单面布房走道。

（2）办公建筑的楼地面应符合下列规定：

1）根据办公室使用要求，开放式办公室的楼地面宜按家具或设备位置设置弱电和强电插座。

2）大中型电子信息机房的楼地面宜采用架空防静电地板。

3）高差不足 0.30 m 时，不应设置台阶，应设置坡道，其坡度不应大于 1∶8。

（3）办公建筑的净高应符合下列规定：

1）有集中空调设施并有吊顶的单间式和单元式办公室净高不应低于 2.50 m。

2）无集中空调设施的单间式和单元式办公室净高不应低于 2.70 m。

3）有集中空调设施并有吊顶的开放式和半开放式办公室净高不应低于 2.70 m。

4）无集中空调设施的开放式和半开放式办公室净高不应低于 2.90 m。

5）走道净高不应低于 2.20 m，储藏间净高不宜低于 2.00 m。

二、办公用房设计规范

办公用房包括普通办公室和专用办公室。专用办公室可包括研究工作室和手工绘图室等。办公用房宜有良好的天然采光和自然通风，并不宜布置在地下室，宜有避免日晒和眩光的措施。

1. 普通办公室符合的规定

（1）宜设计成单间式办公室、单元式办公室、开放式办公室或半开放式办公室。

（2）开放式和半开放式办公室在布置吊顶上的通风口、照明、防火设施等时，宜为自行分隔或装修创造条件，有条件的工程宜设计成模块式吊顶。

（3）带有独立卫生间的办公室，其卫生间宜直接对外通风采光。条件不允许时，应采取机械通风措施。

（4）值班办公室可根据使用需要设置，设有夜间值班室时，宜设置专用卫生间。

（5）普通办公室每人使用面积不应小于 6 m^2，单间办公室使用面积不宜小于 10 m^2。

2. 专用办公室符合的规定

（1）手工绘图室宜采用开放式或半开放式办公室空间，并灵活运用隔断、家具等进行分隔；研究工作室（不含实验室）宜采用单间式；自然科学研究工作室宜靠近相关的实验室。

（2）手工绘图室每人使用面积不应小于 6 m^2；研究工作室每人使用面积不应小于 7 m^2。

三、公共用房设计规范

公共用房包括会议室、对外办事厅、接待室、陈列室、公用厕所、开水间、健身场所等。

（1）会议室应符合下列规定：

1）按使用要求可分设中、小会议室和大会议室。

2）中、小会议室可分散布置。小会议室使用面积不宜小于 30 m^2，中会议室使用面积不宜小于 60 m^2。中、小会议室每人使用面积：有会议桌的不应小于 2.00 m^2/ 人，无会议桌的不应小于 1.00 m^2/ 人。

3）大会议室应根据使用人数和桌椅设置情况确定使用面积，平面长宽比不宜大于 2∶1，宜有音频视频、灯光控制、通信网络等设施，并应有隔声、吸声和外窗遮光措施；大会议室所在层数、面积和安全出口的设置等应符合现行国家有关防火标准的规定。

4）会议室应根据需要设置相应的休息、储藏及服务空间。

（2）接待室应符合下列规定：

1）宜根据使用要求设置接待室；专用接待室应靠近使用部门；行政办公建筑的群众来访接待室宜靠近基地出入口并与主体建筑分开单独设置。

2）宜设置专用茶具室、洗消室、卫生间和储藏空间等。

（3）陈列室应根据使用要求设置。专用陈列室应进行专项照明设计，避免阳光直射及眩光，外窗宜设遮光设施。

（4）公用厕所应符合下列规定（图 5-6）：

1）公用厕所服务半径不宜大于 50 m。

2）公用厕所应设前室，门不宜直接开向办公用房、门厅、电梯厅等主要公共空间，并宜有防止视线干扰的措施。

3）公用厕所宜有天然采光、通风，并应采取机械通风措施。

4）男、女厕所应分开设置，其卫生洁具数量应按表 5-2 配置。

表 5-2 卫生设施配置

	使用人数 / 人	洗手盆数 / 个	大便器数 / 个	小便器数 / 个
女性	1~10	1	1	
	11~20	2	2	
	21~30	2	3	
	31~40	3	4	
	当女性使用人数超过 50 人时，每增加 20 人增设 1 个便器和 1 个洗手盆			
男性	1~15	1	1	1
	16~30	2	2	1
	31~45	2	2	2
	46~75	3	3	2
	当男性使用人数超过 75 人时，每增加 30 人增设 1 个便器和 1 个洗手盆			

注：1. 当使用总人数不超过 5 人时，可设置无性别卫生间，内设大、小便器及洗手盆各 1 个；
2. 为办公门厅及大会议室服务的公共厕所应至少各设一个男、女无障碍厕位；
3. 每间厕所大便器为 3 个以上者，其中 1 个宜设坐式大便器；
4. 设有大会议室（厅）的楼层应根据人员规模相应增加卫生洁具数量。

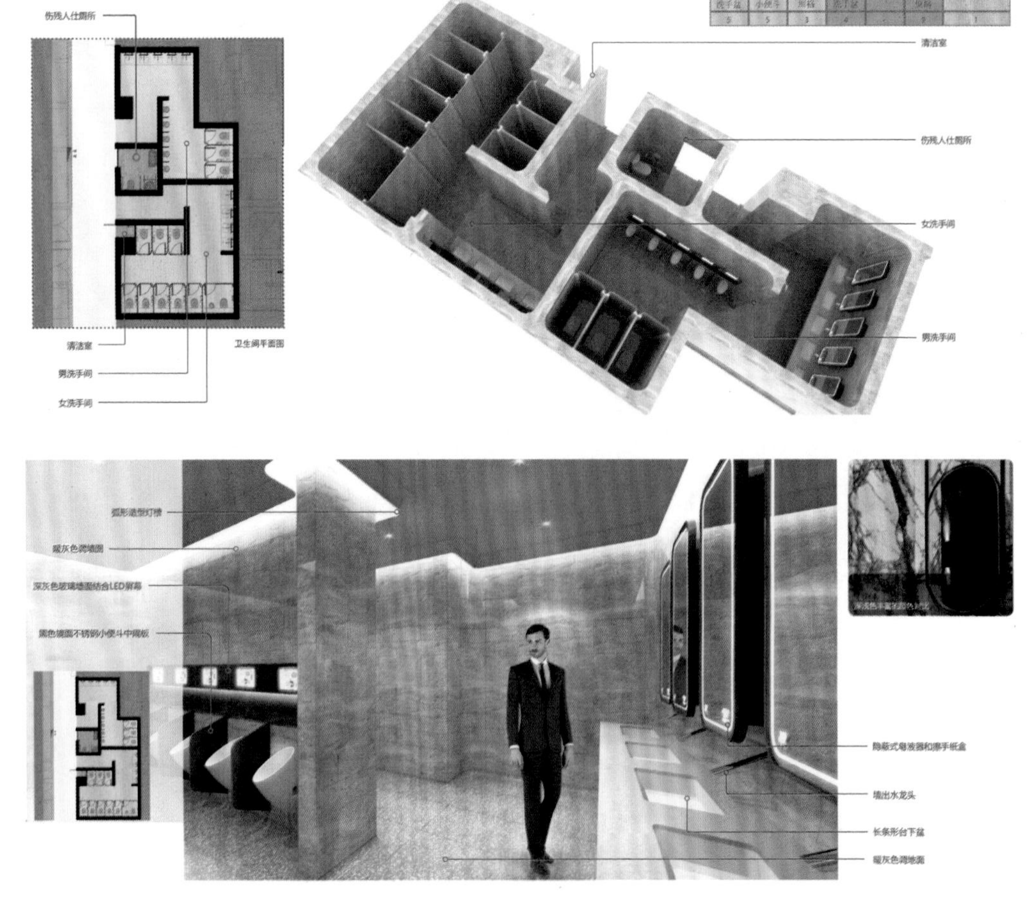

图 5-6 卫生间

（5）开水间应符合下列规定：

1）宜分层或分区设置。

2）宜自然采光、通风，条件不允许时应采取机械通风措施。

3）应设置洗涤池和地漏，并宜设置消毒茶具和倒茶渣的设施。

四、服务用房设计规范

服务用房宜包括一般性服务用房和技术性服务用房。一般性服务用房为档案室、资料室、图书阅览室、员工更衣室、汽车库、非机动车库、员工餐厅、厨房、卫生管理设施间、快递储物间等；技术性服务用房为消防控制室、电信运营商机房、电子信息机房、打印机房、晒图室等。党政机关办公建筑可根据需求设置公勤人员用房及警卫用房等。有对外服务功能的办公建筑可根据需求设置使用面积不小于 10 m^2 的哺乳室。

1. 档案室、资料室、图书阅览室规定

（1）可根据规模大小和工作需要分设若干不同用途的房间，包括库房、管理间、查阅间或图书阅览室等。

（2）档案室、资料室和书库应采取防火、防潮、防尘、防蛀、防紫外线等措施，地面应采用不起尘、易清洁地面层，并宜设置机械通风、除湿措施。

（3）档案室、查阅间、图书阅览室应光线充足、通风良好，避免阳光直射及眩光。

（4）档案室设计应符合《档案馆建筑设计规范》（JGJ 25—2010）的规定，图书阅览室设计应符合《图书馆建筑设计规范》（JGJ 38—2015）的规定。

2. 员工更衣室、哺乳室规定

（1）员工更衣室、哺乳室宜有自然通风，否则应设置机械通风设施。

（2）哺乳室内应设洗手池。

3. 技术性服务用房规定

（1）电信运营商机房、电子信息机房、晒图室应根据工艺要求和选用机型进行建筑平面与相应室内空间设计。

（2）计算机网络终端、台式复印机及碎纸机等办公自动化设施可设置在办公室内。

（3）供设计部门使用的晒图室宜由收发间、裁纸间、晒图机房、装订间、底图库、晒图纸库、废纸库等组成。晒图室宜布置在底层，采用氨气熏图的晒图机房应设独立的废气排出装置和处理设施。

（4）消防控制室应按《建筑设计防火规范（2018 年版）》（GB 50016—2014）进行设置（图 5-7 ~ 图 5-13）。

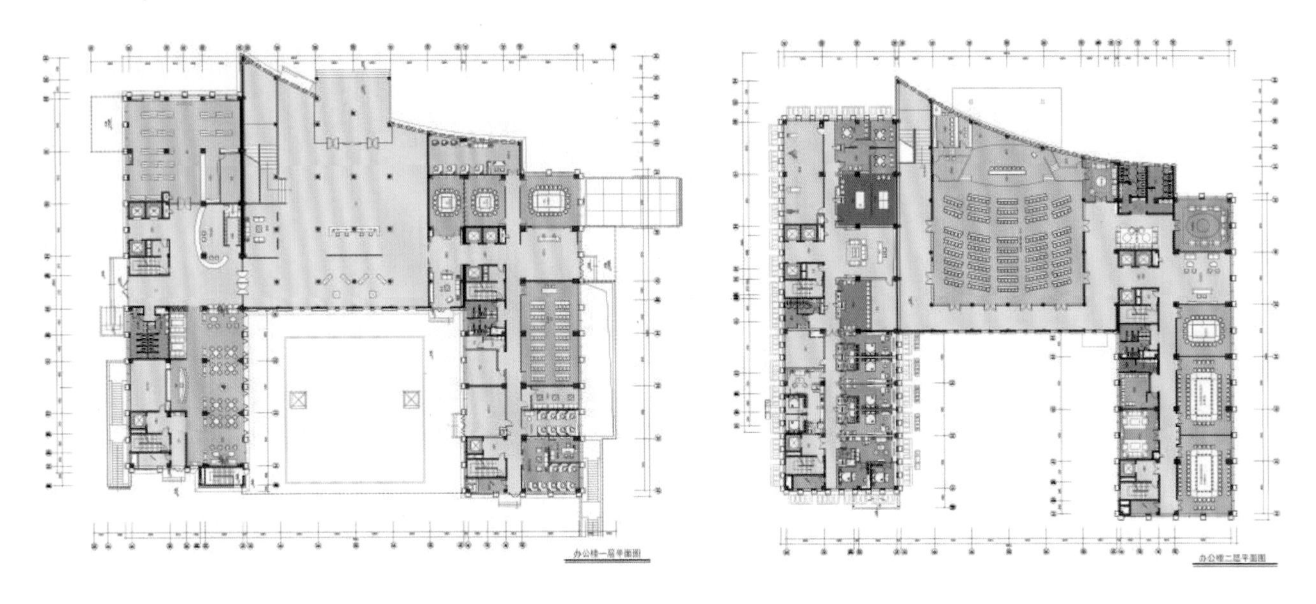

图 5-7 办公空间平面布置

图 5-8 办公大厅

图 5-9　电梯厅

图 5-10　办公前台

图 5-11　办公过道

图 5-11　办公过道（续）

图 5-12　公共办公区

图 5-13　会议室

任务三　办公空间设计项目实训

一、项目实训任务

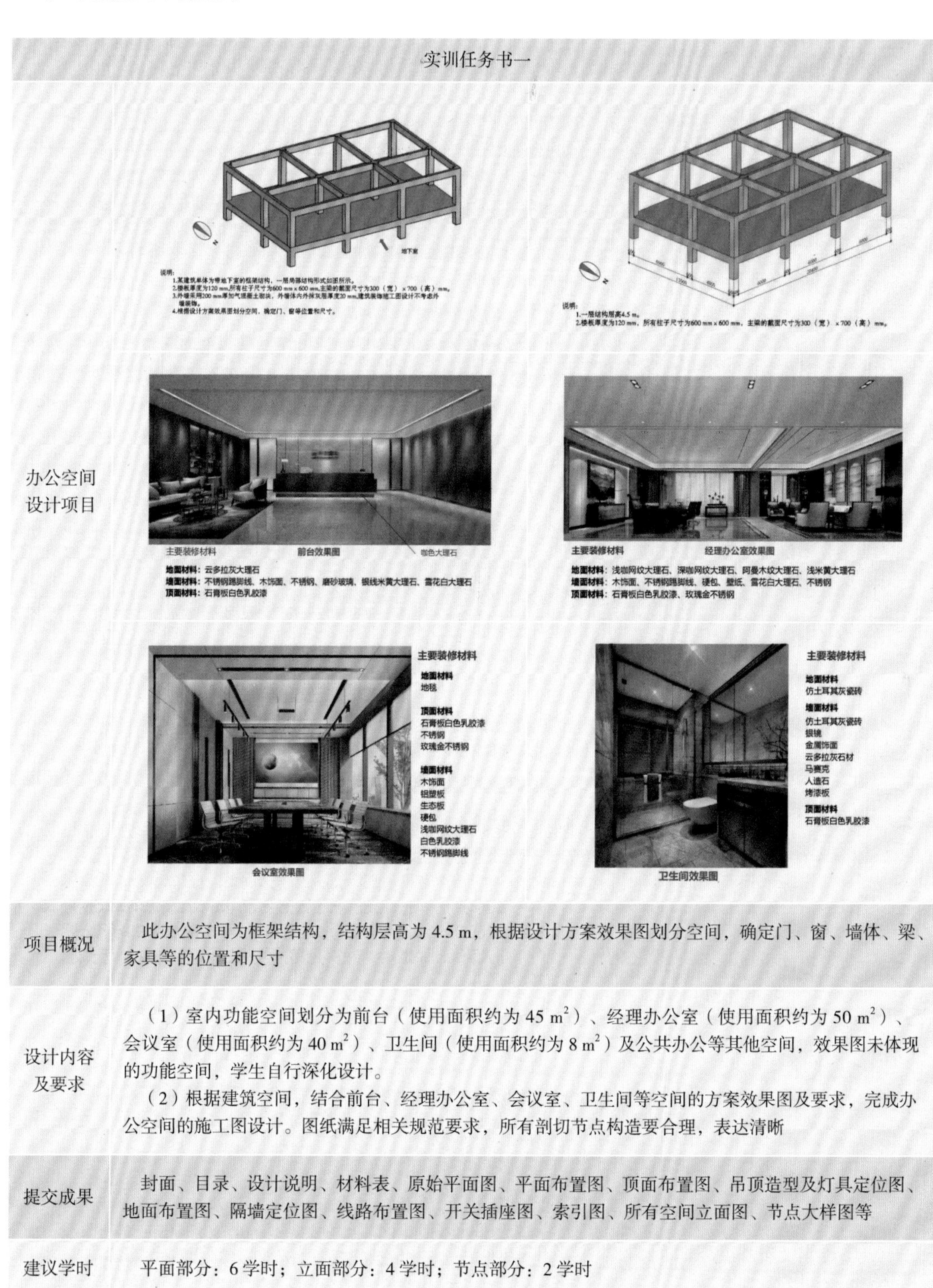

实训任务书一	
办公空间设计项目	（见上图）
项目概况	此办公空间为框架结构，结构层高为 4.5 m，根据设计方案效果图划分空间，确定门、窗、墙体、梁、家具等的位置和尺寸
设计内容及要求	（1）室内功能空间划分为前台（使用面积约为 45 m^2）、经理办公室（使用面积约为 50 m^2）、会议室（使用面积约为 40 m^2）、卫生间（使用面积约为 8 m^2）及公共办公等其他空间，效果图未体现的功能空间，学生自行深化设计。 （2）根据建筑空间，结合前台、经理办公室、会议室、卫生间等空间的方案效果图及要求，完成办公空间的施工图设计。图纸满足相关规范要求，所有剖切节点构造要合理，表达清晰
提交成果	封面、目录、设计说明、材料表、原始平面图、平面布置图、顶面布置图、吊顶造型及灯具定位图、地面布置图、隔墙定位图、线路布置图、开关插座图、索引图、所有空间立面图、节点大样图等
建议学时	平面部分：6 学时；立面部分：4 学时；节点部分：2 学时

实训任务书二	
办公空间设计项目	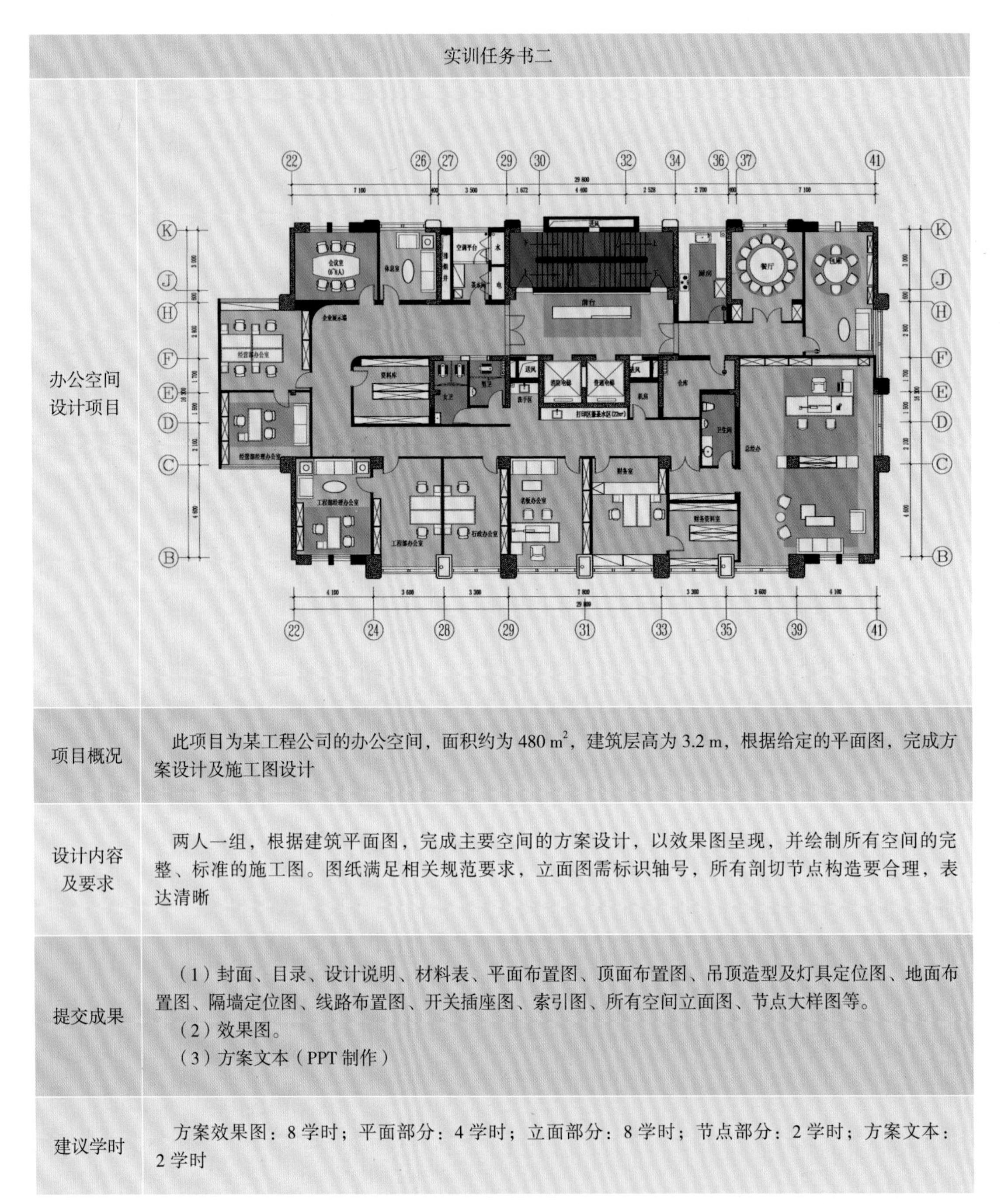
项目概况	此项目为某工程公司的办公空间，面积约为 480 m^2，建筑层高为 3.2 m，根据给定的平面图，完成方案设计及施工图设计
设计内容及要求	两人一组，根据建筑平面图，完成主要空间的方案设计，以效果图呈现，并绘制所有空间的完整、标准的施工图。图纸满足相关规范要求，立面图需标识轴号，所有剖切节点构造要合理，表达清晰
提交成果	（1）封面、目录、设计说明、材料表、平面布置图、顶面布置图、吊顶造型及灯具定位图、地面布置图、隔墙定位图、线路布置图、开关插座图、索引图、所有空间立面图、节点大样图等。 （2）效果图。 （3）方案文本（PPT 制作）
建议学时	方案效果图：8 学时；平面部分：4 学时；立面部分：8 学时；节点部分：2 学时；方案文本：2 学时

二、项目实施计划

项目实施计划		
实施步骤	项目要求	活动安排
步骤一：职业沟通练习	在课堂上以小组为单位分配设计师和客户的角色，通过角色扮演，了解项目实际操作过程中设计师与客户之间如何沟通与协调	活动 1：角色选择
		活动 2：角色扮演
		活动 3：相互评价
步骤二：项目前期准备	分析此办公空间的类型、风格及定位等，选择同类型办公空间进行实地调研	活动 1：分析实训项目情况
		活动 2：选择同类型办公空间进行实地调研
步骤三：办公空间概念方案设计	撰写设计说明，绘制建筑原始结构图，布置平面方案	活动 1：撰写设计说明
		活动 2：平面方案设计
步骤四：办公空间建模、深化效果	通过 SU、3D 软件进行效果图深化	活动 1：绘制效果图
		活动 2：方案汇报
		活动 3：展示评价
步骤五：办公空间施工图设计	完成标准施工图，包括封面、设计说明、材料表、平面图、立面图和节点图	活动 1：绘制施工图
		活动 2：审核修改
		活动 3：装订成册
步骤六：项目汇报	将办公空间的方案设计过程制作成 PPT，在课堂上讲解，师生交流并总结	方案汇报

三、评价与总结

一级指标	二级指标	评价内容	分值	自评	教师评价
工作能力	协作能力	为小组查找资料并进行归类和检验，提出并解决问题	10		
	实践能力	熟练运用设计软件	20		
	表达能力	正确组织和传达工作任务内容	10		
	创新能力	设计独具创意的方案	20		
设计能力	方案设计	设计合理，材料运用得当，有很高的审美水平	10		
	绘制标准施工图	施工图规范标准、图面整洁美观	10		
	绘制高质量效果图	效果图高清、逼真、美观	10		
	制作方案汇报文本	PPT 排版美观、内容全面	10		
合计			100		
总结					

单元二 餐饮空间设计

课件：餐饮空间设计

随着经济的发展和人们生活水平的提高，人们对饮食的要求越来越高，对就餐环境也越来越讲究。舒适的餐饮空间在人们生活中所占的位置日益重要。餐饮空间成了人际交往、感情交流、商贸洽谈的场所，消费者不仅希望在此空间中享受美味佳肴，而且希望享受和谐、温馨的气氛和优雅宜人的就餐氛围。人们对空间环境、心理感受及服务体验有了更多的诉求。餐饮空间从单一地向顾客销售食品和饮料的空间逐渐发展为体现饮食文化、人文环境的新型文化空间，饮食、娱乐、交流、休闲等多种功能交融成为餐饮发展的方向。

任务一　餐饮空间的分类和构成

如今，餐饮空间的功能越来越多样性，各类餐饮空间形态也呈日益多元的发展趋势。任何艺术都把空间设计的独特性及舒适度作为衡量空间设计成功与否的标准。依照消费者不同的生活习俗和主题，选择不同形式、种类的就餐方式，顺应人们对多样化、新颖、方便舒适的美好生活的追求。

一、餐饮空间的分类

餐代表餐厅与餐馆，而饮包含西式的酒吧与咖啡厅，以及中式茶室、茶楼等。餐饮空间按照不同的分类方式可以分成若干类型。

1. 按餐饮空间的经营内容分类

餐饮空间所涉及的经营内容非常广泛，不同的民族、不同的地域、不同的文化，由于饮食习惯各不相同，其餐饮空间的经营内容也各不相同。按经营内容、饮食制作方式及服务特点划分，餐饮空间可以归纳为餐馆、食堂、快餐店、饮品店四类（图 5-14 ~ 图 5-17）。

图 5-14　餐馆

图 5-15 食堂

图 5-16 快餐店

图 5-17 饮品店

2. 按餐饮空间的经营性质分类

餐饮空间的经营性质是指其为营业性还是非营业性的餐饮空间。营业性餐饮空间的顾客性质和营业时间不固定，供应方式多为服务员送餐到位和自助，如各种餐馆和酒廊、茶室等。非营业性餐饮空间的就餐人数和就餐时间相对固定，供应方式多为自购或自取，服务员较少，以实用为原则，例如机关、厂矿、商业、学校等设置的供员工、学生集体就餐的各类食堂。

3. 按餐饮空间的建筑规模分类

餐饮空间按建筑规模可分为特大型、大型、中型和小型（表 5-3、表 5-4）。

表 5-3 餐馆、快餐店、饮品店的建筑规模

建筑规模	建筑面积 /m^2 或用餐区域座位数 / 座
特大型	建筑面积 >3 000 或用餐区域座位数 >1 000
大型	500< 建筑面积≤3 000 或 250< 用餐区域座位数≤1 000
中型	150< 建筑面积≤500 或 75< 用餐区域座位数≤250
小型	建筑面积≤150 或用餐区域座位数≤75
注：表中建筑面积指与食品制作供应直接或间接相关区域的建筑面积，包括用餐区域、厨房区域和辅助区域	

表 5-4 食堂的建筑规模

建筑规模	小型	中型	大型	特大型
食堂服务人数 / 人	人数≤100	100< 人数≤1 000	1 000< 人数≤5 000	人数 >5 000
注：食堂按服务的人数划分规模。食堂服务人数指就餐时段内食堂供餐的全部就餐人数。				

二、餐饮空间的构成

在餐饮空间中，比较常见的空间组合形式是集中式和组团式。集中式空间组合是一种稳定的向心式的餐饮空间组合方式，它由一定数量的次要空间围绕一个大的占主导地位空间构成。这个中心一般为规则形式，如圆形、方形、三角形、正多边形等。设计者可以根据场地形状、环境需要及次要空间各自的功能特点，在中心空间周围灵活组织。组团式空间组合是将若干空间紧密连接，使它们之间互相联系，或以轴线使几个空间建立紧密联系的空间组合形式。在餐饮空间设计中，组团式空间组合也是较常用的空间组合形式。餐饮空间的构成主要包括用餐区域、厨房区域、公共区域、辅助区域。各个部分按照特定的关系有机地组合在一起，这些功能区和设施构成了完整的餐饮空间。

1. 用餐区域

用餐区域是指餐饮空间内供消费者就餐的空间，包括各类餐厅、包间等。用餐区域在整个餐饮空间有着至关重要的地位，它是顾客进餐及享受服务的空间，也是顾客停留时间最长、最集中的区域。这一空间的营造与顾客的消费体验有着密切的关系，所有的流线都在此区域汇集和转化。设计上要根据营业的流程来安排空间的功能，材料、色彩的选择应符合大众的审美习惯及餐厅的经营定位（图 5-18）。

图 5-18 用餐区域

2. 厨房区域

在餐饮空间里，厨房区域对于顾客来说属于隐形空间，但它是整个餐饮空间中食物储藏、加工和生产的区域。其操作区一般由厨房、配菜间、明档、水果房等组成。它是设施设备最集中的区域，应充分考虑设备的安装尺寸和通行尺寸，如炉灶、洗菜池、洗碗区、冰柜、传菜口、配餐台等。厨房区域的设计，要根据餐饮部门的种类、规模、菜谱内容的构成及在建筑里的位置状况等条件进行相应的调整设置（图 5-19）。

图 5-19　厨房区域

3. 公共区域

公共区域是指顾客与餐饮服务人员共同使用的空间，是餐厅各功能区域之间的连接空间。它虽然不能直接创造利润，但占用经营场所的部分面积，是整个餐饮空间必不可少的一部分，包括门厅、接待区、等候区、过厅、公共卫生间等（图 5-20）。

图 5-20　公共区域

4. 辅助区域

餐饮空间的辅助区域主要由库房、办公用房、更衣间、淋浴间、储物间、清洁间及垃圾间等组成（图 5-21）。

图 5-21 辅助区域

餐饮空间区域划分及各类用房组成见表 5-5。

表 5-5 餐饮空间区域划分及各类用房组成

<table>
<tr><th colspan="2">区域分类</th><th>各类用房</th></tr>
<tr><td colspan="2">用餐区域</td><td>宴会厅、餐厅、包间</td></tr>
<tr><td rowspan="2">厨房区域</td><td>餐馆、食堂、快餐店</td><td>主食加工区、副食加工区、厨房专间、冷食制作间、备餐区、用餐工具洗消间、用餐工具存放区、清扫工具存放区等</td></tr>
<tr><td>饮品店</td><td>加工区、点心和简餐制作区、食品存放区、裱花间、洗消间、餐具存放区、清扫工具存放区等</td></tr>
<tr><td colspan="2">公共区域</td><td>门厅、过厅、接待区、等候区、公共卫生间、休息区等</td></tr>
<tr><td colspan="2">辅助区域</td><td>食品库房、办公用房及更衣间、淋浴间、清洁间、垃圾间等</td></tr>
<tr><td colspan="3">注：1. 厨房专间、冷食制作间、用餐工具洗消间应单独设置。
2. 各类用房可根据需要增添、删减或合并在同一空间中。</td></tr>
</table>

任务二 餐饮空间常用设计规范

一、一般设计规范

（1）用餐区域每座最小使用面积宜符合表 5-6 的规定。

表 5-6 用餐区域每座最小使用面积 m^2/ 座

分类	餐馆	快餐店	饮品店	食堂
指标	1.3	1.0	1.5	1.0
注：快餐店每座最小使用面积可以根据实际需要适当减小。				

（2）附建在商业建筑中的饮食建筑，其防火分区划分和安全疏散人数计算应按《建筑设计防火规范（2018 年版）》（GB 50016—2014）中商业建筑的相关规定执行。

（3）厨房区域和食品库房面积之和与用餐区域面积之比宜符合表 5-7 的规定。

表 5-7　厨房区域和食品库房面积之和与用餐区域面积之比

分类	建筑规模	厨房区域和食品库房面积之和与用餐区域面积之比
餐馆	小型	≥ 1 : 2.0
	中型	≥ 1 : 2.2
	大型	≥ 1 : 2.5
	特大型	≥ 1 : 3.0
快餐店、饮品店	小型	≥ 1 : 2.5
	中型及以上	≥ 1 : 3.0
食堂	小型	厨房区域和食品库房面积之和不小于 30 m^2
	中型	厨房区域和食品库房面积之和在 30 m^2 的基础上按照服务 100 人以上每增加 1 人增加 0.3 m^2 调整
	大型及特大型	厨房区域和食品库房面积之和在 300 m^2 的基础上按照服务 1 000 人以上每增加 1 人增加 0.2 m^2 调整
注：1. 表中所示面积为使用面积。 2. 使用半成品加工的餐饮空间及单纯经营火锅、烧烤等的餐馆，厨房区域和食品库房面积之和与用餐区域面积之比可根据实际需要确定		

（4）位于二层及二层以上的餐馆、饮品店和位于三层及三层以上的快餐店宜设置乘客电梯；位于二层及二层以上的大型和特大型食堂宜设置自动扶梯。

（5）建筑物的厕所、卫生间、盥洗室、浴室等有水房间不应布置在厨房区域的直接上层，并应避免布置在用餐区域的直接上层。确有困难布置在用餐区域直接上层时应采取同层排水和严格的防水措施。

（6）用餐区域、公共区域和厨房区域的楼地面应采用防滑设计，并应满足《建筑地面工程防滑技术规程》（JGJ/T 331—2014）中的相关要求。

（7）位于建筑物内的成品隔油装置，应设于专门的隔油设备间内，且设备间应符合下列要求。

1）应满足隔油装置的日常操作及维护和检修的要求。

2）应设置洗手盆、冲洗水嘴和地面排水设施。

3）应有通风排气装置。

（8）使用燃气的厨房设计应符合《城镇燃气设计规范（2020 年版）》（GB 50028—2006）的相关规定。

二、用餐及公共区域设计规范

（1）用餐区域的室内净高应符合下列规定。

1）用餐区域室内净高不宜低于 2.6 m，设集中空调时，室内净高不应低于 2.4 m。

2）设置夹层的用餐区域，室内最低净高不应低于 2.4 m。

（2）用餐区域采光、通风应良好。天然采光时，侧面采光窗洞口面积不宜小于该厅地面面积的1/6。直接自然通风时，通风开口面积不应小于该厅地面面积的 1/16。无自然通风的餐厅应设机械通风排气设施。

（3）用餐区域的室内各部分面层均应采用不易积垢、易清洁的材料。

（4）食堂用餐区域售饭口（台）应采用光滑、不渗水和易清洁的材料。

（5）公共区域的卫生间设计应符合下列规定：

1）公共卫生间宜设置前室，卫生间的门不宜直接开向用餐区域，卫生洁具应采用水冲式。

2）卫生间宜利用天然采光和自然通风，并应设置机械排风设施。

3）未单独设置卫生间的用餐区域应设置洗手设施，并宜设儿童用洗手设施。

4）卫生设施数量的确定应符合《城市公共厕所设计标准》（CJJ 14—2016）对餐饮类功能区域公共卫生间设施数量的规定及《无障碍设计规范》（GB 50763—2012）的相关规定。

三、厨房区域设计规范

（1）餐馆、快餐店和食堂的厨房区域可根据使用功能选择设置下列各部分：

1）主食加工区（间）——包括主食制作和主食热加工区（间）。

2）副食加工区（间）——包括副食粗加工、副食细加工、副食热加工区（间）及风味餐馆的特殊加工间。

3）厨房专间——包括冷荤间、生食海鲜间、裱花间等，厨房专间应单独设置隔间。

4）备餐区（间）——包括主食备餐、副食备餐区（间），食品留样区（间）。

5）用餐工具洗消间与用餐工具存放区（间）应单独设置。

（2）饮品店的厨房区域可根据经营性质选择设置下列各部分：

1）加工区（间）——包括原料调配、热加工、冷食制作、其他制作区（间）及冷藏场所等，冷食制作应单独设置隔间。

2）冷、热饮料加工区（间）——包括原料研磨配制、饮料煮制、冷却和存放区（间）等。

（3）厨房区域应按原料进入、原料处理、主食加工、副食加工、备餐、成品供应、用餐工具洗消及存放的工艺流程合理布局，食品加工处理流程应为生进熟出单一流向，并应符合下列规定：

1）副食粗加工应分设蔬菜、肉禽、水产工作台和清洗池，粗加工后的原料送入细加工区不应反流。

2）冷荤成品、生食海鲜、裱花蛋糕等应在厨房专间内拼配，在厨房专间入口处应设置有洗手、消毒、更衣设施的通过式预进间。

3）垂直运输的食梯应原料、成品分设。

（4）厨房区域各类加工制作场所的室内净高不宜低于 2.5 m。

（5）厨房区域加工间天然采光时，其侧面采光窗洞口面积不宜小于地面面积的 1/6；自然通风时，通风开口面积不应小于地面面积的 1/10。

（6）厨房区域各加工场所的室内构造应符合下列规定：

1）楼地面应采用无毒、无异味、不易积垢、不渗水、易清洗、耐磨损的材料。

2）楼地面应处理好防水、排水，排水沟内阴角宜采用圆弧形。

3）楼地面不宜设置台阶。

4）墙面、隔断及工作台、水池等设施均应采用无毒、无异味、不透水、易清洁的材料，各阴角宜做成曲率半径在 3 cm 以上的弧形。

5）厨房专间、备餐区等清洁操作区内不得设置排水明沟，地漏应能防止浊气逸出。

6）顶棚应选用无毒、无异味、不吸水、表面光洁、耐腐蚀、耐湿的材料，水蒸气较多的房间顶棚宜有适当坡度，减少凝结水滴落。

7）粗加工区（间）、细加工区（间）、用餐工具洗消间、厨房专间等应采用光滑、不吸水、耐用和易清洗材料墙面。

（7）厨房区域各加工区（间）内宜设置洗手设施；厨房区域应设置拖布池和清扫工具存放空间，大型以上饮食建筑宜设置独立隔间。

（8）厨房有明火的加工区（间）应采用耐火极限不低于 2.00 h 的防火隔墙与其他部位分隔，隔墙上的门、窗应采用乙级防火门、窗。

（9）厨房有明火的加工区（间）上层有餐厅或其他用房时，其外墙开口上方应设置宽度不小于 1.0 m、长度不小于开口宽度的防火挑檐；在建筑外墙上、下层开口之间设置高度不小于 1.2 m 的实体墙。

四、辅助区域设计规范

（1）餐饮空间辅助区域主要由食品库房、非食品库房、办公用房、工作人员更衣间、淋浴间、值班室及垃圾和清扫工具存放场所等组成，上述空间可根据实际需要选择设置。

（2）餐饮空间食品库房宜根据食材和食品分类设置，并应根据实际需要设置冷藏及冷冻设施，设置冷藏库时应符合《冷库设计标准》（GB 50072—2021）的相关规定。

（3）餐饮空间食品库房天然采光时，窗洞面积不宜小于地面面积的 1/10。餐饮空间食品库房自然通风时，通风开口面积不应小于地面面积的 1/20。

（4）工作人员更衣间应邻近主、副食加工场所，宜按全部工作人员男、女分设。更衣间入口处应设置洗手、干手消毒设施。

（5）清洁间和垃圾间应合理设置，不应影响食品安全，其室内装修应方便清洁。垃圾间位置应方便垃圾外运。垃圾间内应设置独立的排气装置，垃圾应分类储存、干湿分离，厨余垃圾应有单独容器储存。

餐饮空间设计如图 5-22 ~ 图 5-28 所示。

图 5-22　公共区域

图 5-23 就餐区域

图 5-24 宴会厅

图 5-25 包厢

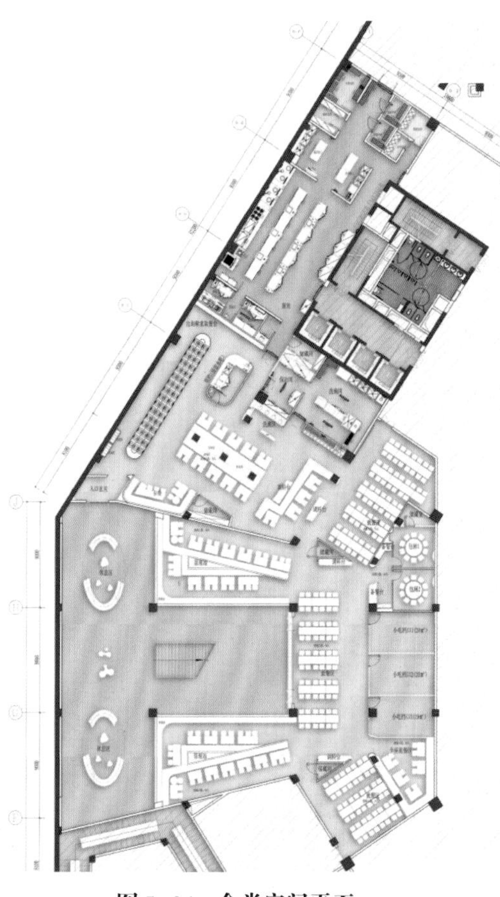

图 5-26 食堂空间平面

图 5-27 食堂公共区域

图 5-28 食堂就餐区域

任务三 餐饮空间设计项目实训

一、项目实训任务

实训任务

任务参考

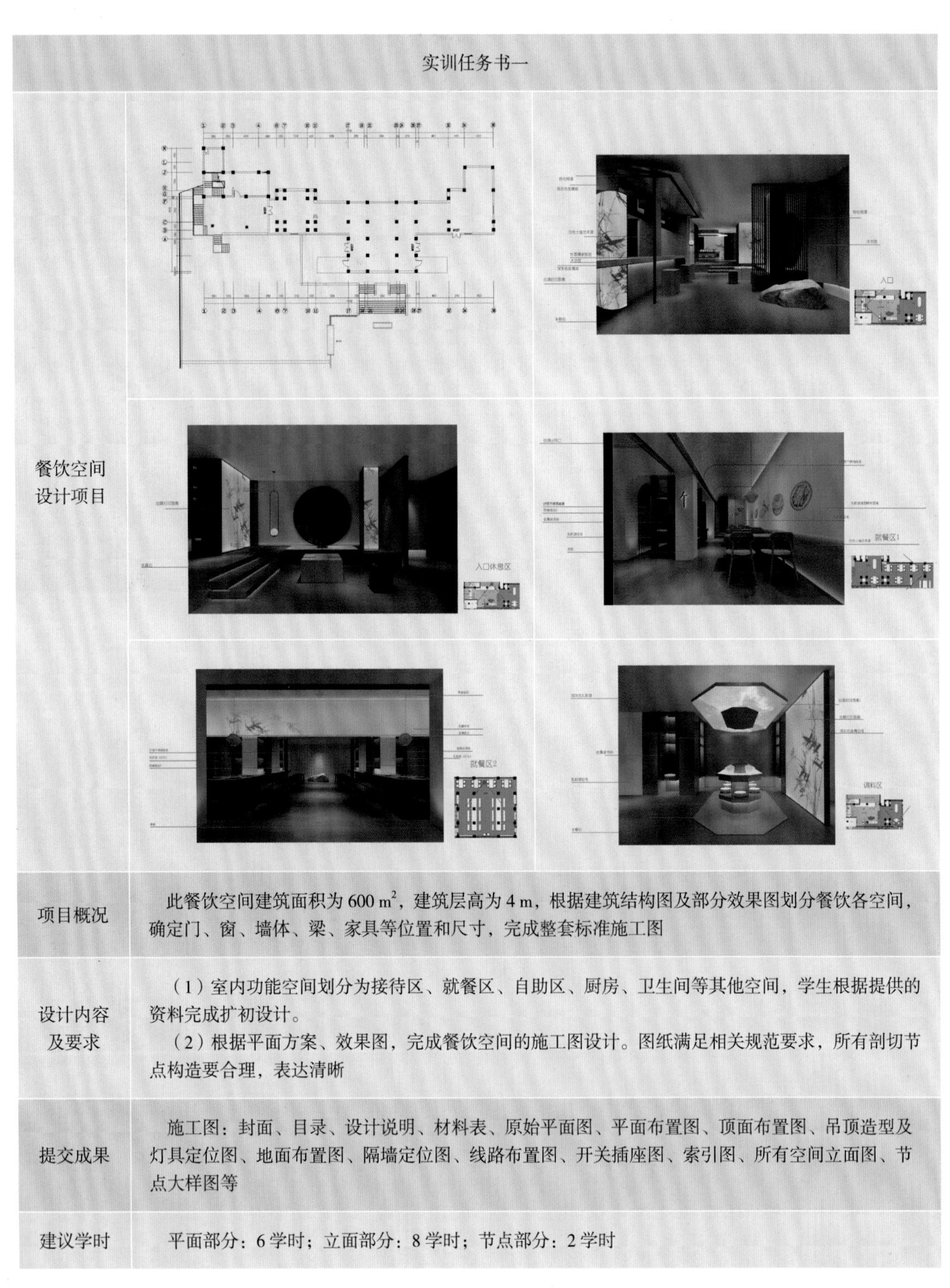

实训任务书一	
餐饮空间设计项目	
项目概况	此餐饮空间建筑面积为 600 m^2，建筑层高为 4 m，根据建筑结构图及部分效果图划分餐饮各空间，确定门、窗、墙体、梁、家具等位置和尺寸，完成整套标准施工图
设计内容及要求	（1）室内功能空间划分为接待区、就餐区、自助区、厨房、卫生间等其他空间，学生根据提供的资料完成扩初设计。 （2）根据平面方案、效果图，完成餐饮空间的施工图设计。图纸满足相关规范要求，所有剖切节点构造要合理，表达清晰
提交成果	施工图：封面、目录、设计说明、材料表、原始平面图、平面布置图、顶面布置图、吊顶造型及灯具定位图、地面布置图、隔墙定位图、线路布置图、开关插座图、索引图、所有空间立面图、节点大样图等
建议学时	平面部分：6 学时；立面部分：8 学时；节点部分：2 学时

实训任务书二	
餐饮空间设计项目	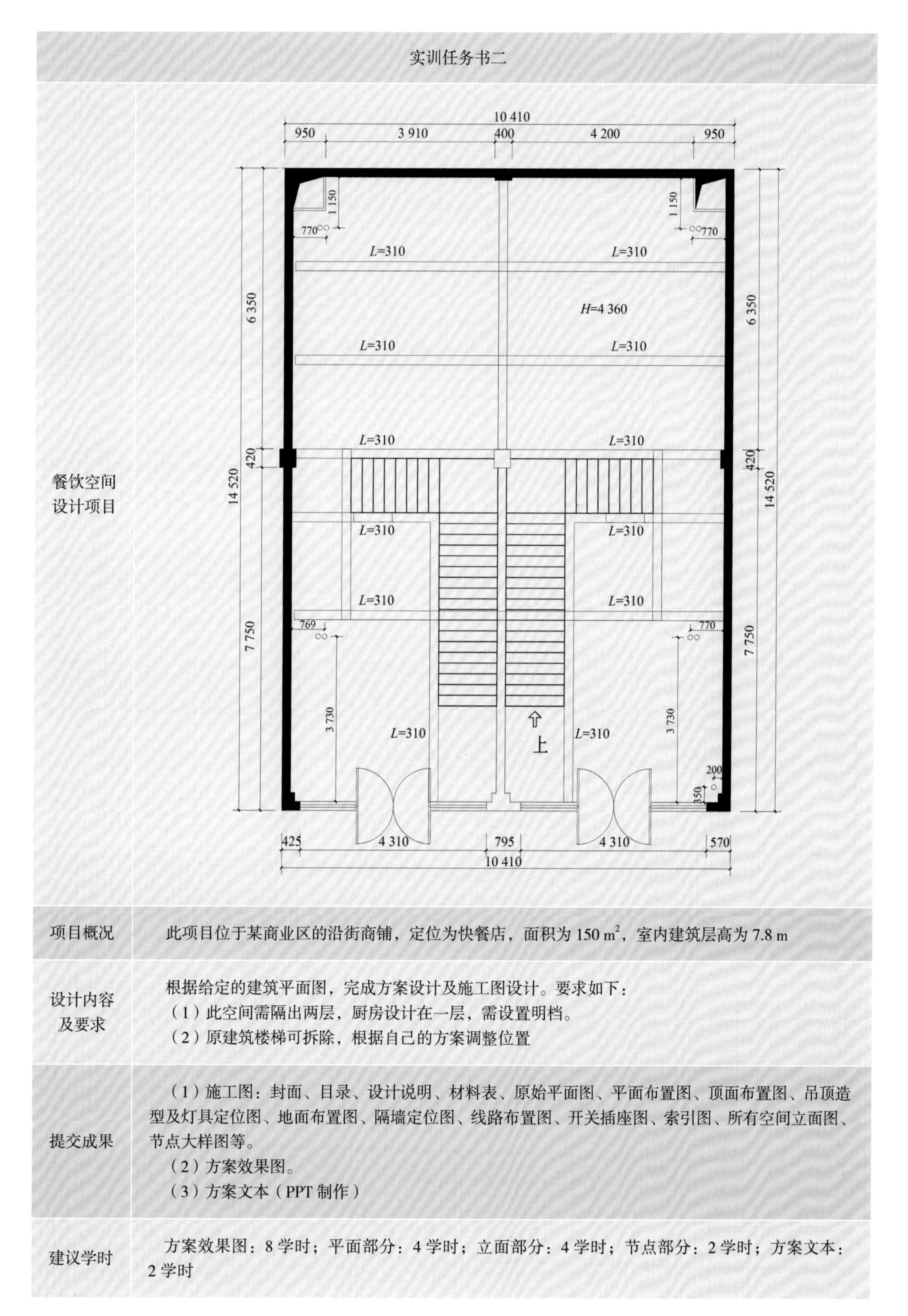
项目概况	此项目位于某商业区的沿街商铺，定位为快餐店，面积为 150 m^2，室内建筑层高为 7.8 m
设计内容及要求	根据给定的建筑平面图，完成方案设计及施工图设计。要求如下： （1）此空间需隔出两层，厨房设计在一层，需设置明档。 （2）原建筑楼梯可拆除，根据自己的方案调整位置
提交成果	（1）施工图：封面、目录、设计说明、材料表、原始平面图、平面布置图、顶面布置图、吊顶造型及灯具定位图、地面布置图、隔墙定位图、线路布置图、开关插座图、索引图、所有空间立面图、节点大样图等。 （2）方案效果图。 （3）方案文本（PPT 制作）
建议学时	方案效果图：8 学时；平面部分：4 学时；立面部分：4 学时；节点部分：2 学时；方案文本：2 学时

实训任务

任务参考

二、项目实施计划

项目实施计划		
实施步骤	项目要求	活动安排
步骤一：职业沟通练习	在课堂上以小组为单位分配设计师和客户的角色，通过角色扮演，了解项目实际操作过程中设计师与客户之间如何沟通与协调	活动 1：角色选择
		活动 2：角色扮演
		活动 3：相互评价
步骤二：项目前期准备	分析此餐饮空间的类型、风格及定位等，选择同类型餐饮空间进行实地调研	活动 1：分析实训项目情况
		活动 2：选择同类型餐饮空间进行实地调研
步骤三：餐饮空间概念方案设计	撰写设计说明，绘制建筑原始结构图，布置平面方案	活动 1：撰写设计说明
		活动 2：平面方案设计
步骤四：餐饮空间建模、深化效果	通过 SU、3D 软件进行效果图深化	活动 1：绘制效果图
		活动 2：方案汇报
		活动 3：展示评价
步骤五：餐饮空间施工图设计	完成标准施工图，包括封面、设计说明、材料表、平面图、立面图和节点图	活动 1：绘制施工图
		活动 2：审核修改
		活动 3：装订成册
步骤六：项目汇报	将餐饮空间的方案设计过程制作成 PPT，在课堂上讲解，师生交流并总结	方案汇报

三、评价与总结

一级指标	二级指标	评价内容	分值	学生自评	教师评价
工作能力	协作能力	为小组查找资料并进行归类和检验，提出及解决问题	10		
	实践能力	熟练运用设计软件	20		
	表达能力	正确组织和传达工作任务内容	10		
	创新能力	设计独具创意的方案	20		
设计能力	方案设计	设计合理，材料运用得当，有很高的审美水平	10		
	绘制标准施工图	施工图规范标准、图面整洁美观	10		
	绘制高质量效果图	效果图高清、逼真、美观	10		
	制作方案汇报文本	PPT 排版美观、内容全面	10		
合 计			100		
总结					

单元三 商业空间设计

什么是商业空间？以商品的陈列展示与销售为目的，供人们购物消费、休闲娱乐于一体的空间环境，称为商业空间。商业的概念有广义与狭义之分，广义的商业是指所有以盈利为目的的事业；狭义的商业是指专门从事商品交换活动的营利性事业。

随着经济的发展与生活水平的提高，逛街、购物已逐渐成为生活中不可缺少的内容。它可以是一种人文活动，也可以是商业活动，如今，消费者对消费环境也有了更高的要求，单纯以消费为目的的购物行为在逐渐减少，传统百货模式已经渐渐淡出人们的视线。人的购物行为不仅是为了满足消费需求，在很大程度上还是一种休闲方式，在大多数购物行为发生的同时，餐饮、休闲、娱乐等行为也一同发生，商业空间就成了各种社会活动集中发生的场所。因此，商业空间在满足商业业态和建筑功能的前提下，还应营造良好的室内环境，以满足消费者的购物体验。

任务一 商业空间的分类和构成

商业空间泛指为日常人们购物等商业活动所提供的各种场所，其构成种类繁多，不同的商业空间的特性、经营方式、功能要求等均产生不同的建筑空间形式。商业空间存在于非常活跃却异彩纷呈的社会生活中，充满了活力和动感，随着社会潮流的不断更新，具有综合性和多样性的特点。

一、商业空间的分类

（一）按经营方式分类

商业空间按经营方式可分为专卖店、超级市场、百货商场、购物中心等。

1. 专卖店

专卖店是现代商业空间设计中一般品牌商业空间必走的一种商业营销模式。专卖店按类型可分为经营同类商品的专卖店和经营同一品牌的专卖店两种。第一种专卖店形式往往集中了同类商品的各类品牌，在商业活动中能产生很高的效益；第二种专卖店形式是现代商业市场中所占比例最高的一种经营形式。品牌化、专业化、个性化、服务的优质化是专卖店的重要特征（图 5-29）。

图 5-29 专卖店

2. 超级市场

超级市场（Supermarket）简称超市，是指以顾客自选方式经营食品、家庭日用品为主的自助式销售方式，采取一次性集中结算的大型综合性零售商场。大型综合性超级市场以给顾客提供一种宽松的购物环境和低价的优质商品为竞争手段，同时，突出强调“一站购物、一次购足”的消费理念（图 5-30）。

图 5-30　超级市场

3. 百货商场

百货商场是指对管理和经营的店铺区分不同的商品部门，一般以大、中型居多，以零售业态为主，经营业态涵盖服装饰品、箱包鞋帽、电器零售、家居用品等众多品类的商业空间。百货商场针对不同的商品设置销售区，采取专柜销售、开架销售的方式进行销售，涵盖低档、中档到高档的全品类，具有较强的综合性。按功能性质分类，百货商场业态包括零售、餐饮、娱乐、生活配套、儿童五大类，根据项目定位及运营情况对其配比进行调整（图 5-31）。

图 5-31　百货商场

4. 购物中心

购物中心原意是“散步道式的商店街”，于 20 世纪初期首先出现在美国，在 20 世纪 70—80 年代兴盛于欧美。大型的购物中心主要以店中店的形式出现，即各个品牌、各类型的商家以各自独特的面貌集中在同一个建筑空间中，消费者可以享受“一站式服务”，即把商业空间步行化、商业空间室内化及公共空间社会化，消费者可在购物中心中进行购物、饮食、娱乐等活动（图 5-32）。

图 5-32　购物中心

（二）按空间使用情况分类

依据空间使用情况，可将商业空间分为业态空间、动线空间和辅助空间三类。

1. 业态空间

业态空间是指商业空间里的功能空间，是商业空间的重要价值空间。业态空间包含基本功能空间和复合功能空间。基本功能空间是传统商业空间的基本业态，主要包括零售空间、餐饮空间、娱乐空间；复合功能空间是在基本功能空间的基础上，为了满足消费者日益提高的精神追求而出现的一种体验类空间。除有基本的购物功能外，这类空间更加偏向于为消费者提供一种独特的场景式体验，从中完成视觉认知和消费需求间的体验关系。复合功能空间通常会引入观光、休闲、文旅、生态等业态，借此塑造主题性的空间氛围，并提供鲜明的记忆点（图 5-33）。

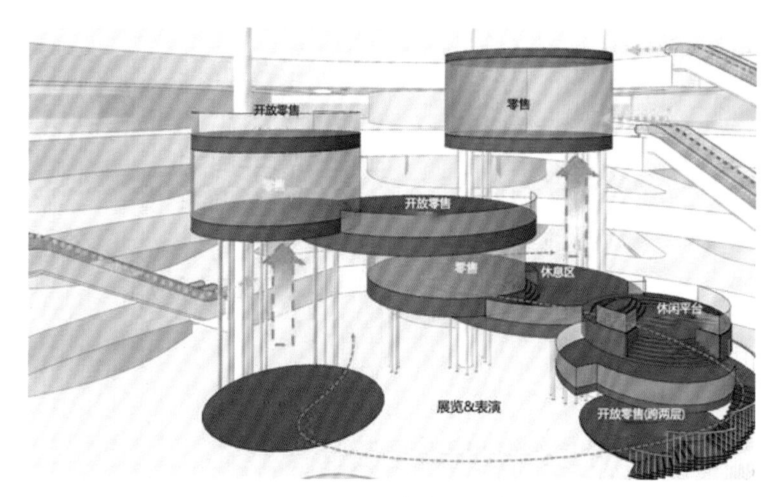

图 5-33　业态空间示意

2. 动线空间

动线空间是指引导消费者在商业空间内完成游逛体验的场所。动线空间既有消费者移动的路径系统，也有消费者集散的广场空间，包含点和线两类。点就是动线空间中的节点空间，它是动线节奏变化，消费者移动方向变化的关键转换枢纽。线是动线空间中的路径，消费者通过它来完成在商业空间中的移动体验。动线空间的核心要素就是组织商业空间，协助链接业态空间和辅助空间。人流动线的基本类型有单通道动线、双通道动线和环岛式动线（图 5-34）。

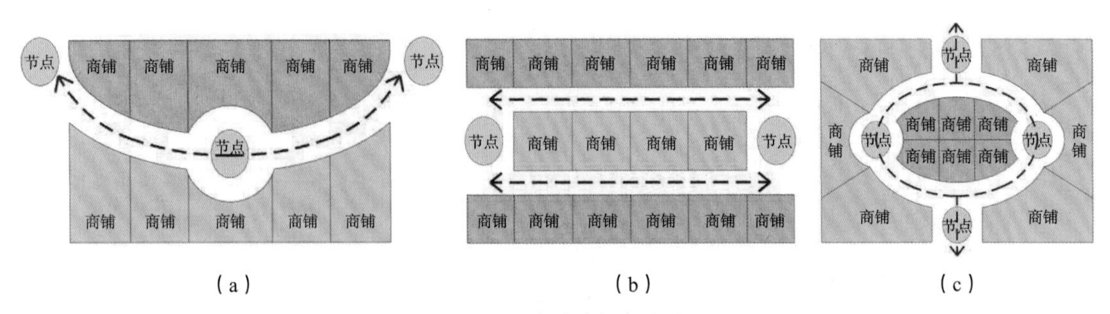

图 5-34 人流动线的基本类型

（a）单通道动线；（b）双通道动线；（c）环岛式动线

商业空间布局的基本形态主要分为线形形态、环形形态和枝形形态，这三种基本形态可衍生出多种布局形式，如线形形态包含一字形、L 形、弧形；环形形态包含矩形、圆环形；枝形形态包括 T 形、十字形、Y 形等（表 5-8）。

表 5-8 动线空间的基本形态

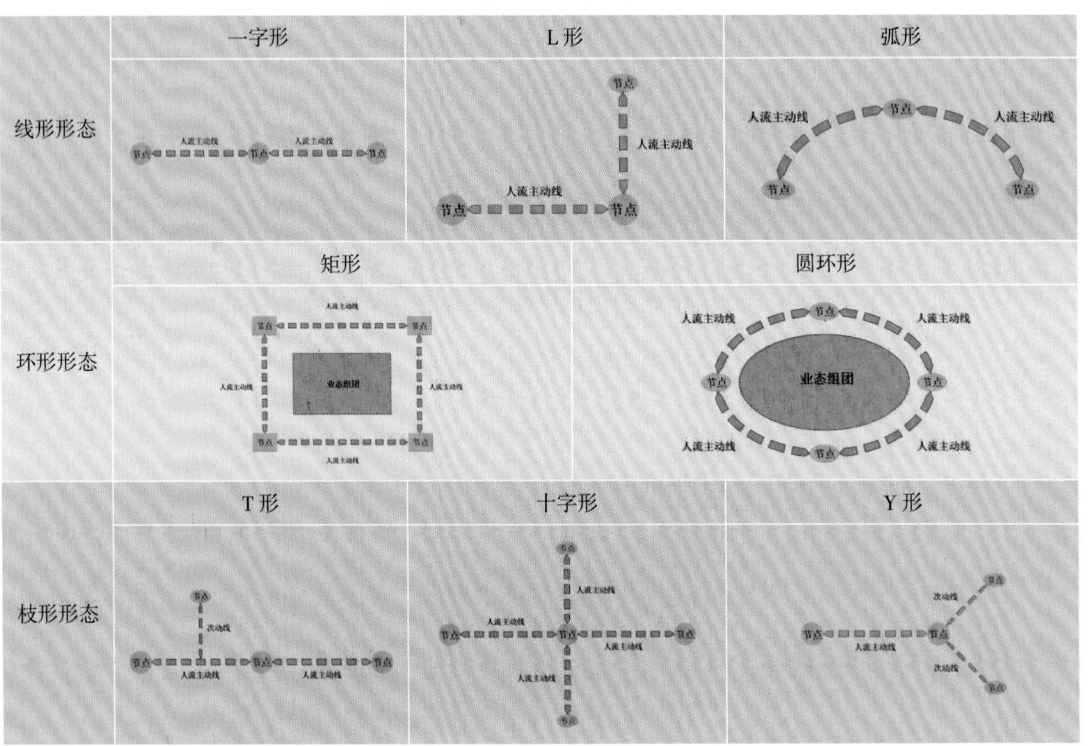

3. 辅助空间

辅助空间通常为消费者提供除购物外的功能性服务，包括电梯厅、扶梯区、卫生间、客户问询系统、休息区等空间，它满足基本的等待、休息、卫生、咨询等个人需求。辅助空间讲究人性化、舒适性，也是购物中心的重要组成部分。

辅助空间和动线空间、业态空间共同组成一个完整的商业核心空间。

二、商业空间的构成

商业空间是实现商品展示活动的基本场所，它主要由营业区、公共区、仓储区、辅助区组成。营业区为直接面向顾客销售商品的有关用房；公共区是供消费者使用和活动的空间；仓储区为保证供货而设置的与商品储存和作业有关的用房；辅助区为管理、生活后勤和建筑设备的各种用房，后两部分一般不允许顾客进入。即使小型商店，也按这四部分区域进行分隔。

1. 营业区

营业区是展示陈列实际所占用的空间，是商业空间设计的主要部分。能否取得良好的视觉效果，吸引顾客的注意力，有效地传达信息是商业空间设计的关键。营业区的大小和基本形式是由商品的性质、特征、大小、数量，每天接待的观者数量决定的。在营业区设计中，处理好商品与人、人与空间的关系十分重要（图 5-35）。

图 5-35　营业区

2. 公共区

公共区也称为共享空间，包括展示环境中的通道、走廊、休息间等场所，是供公众使用和活动的区域。公共区域设计应考虑有足够的面积，以使动线顺畅。同时，还应适当提供休息、驻足交谈和饮用茶水的空间（图 5-36）。

图 5-36　公共区

3. 仓储区

储存货物的空间叫作仓储区，储存是仓库的核心功能，储存区规划的合理与否直接关系仓储的作业效率和储存能力。

4. 辅助区

辅助区主要包括外向橱窗、商品维修用房、办公业务用房及建筑设备用房等。大型和中型商业空间应设置职工更衣、休息及就餐等用房。大型和中型商业空间应设置职工专用厕所；小型商业空间宜设置职工专用厕所，商业空间内部应设置垃圾收集空间或设施。

任务二 商业空间常用设计规范

一、一般设计规范

（1）商业空间可按使用功能分为营业区、仓储区和辅助区三部分。商业空间的内外均应做好交通组织设计，人流与货流不得交叉，并应按《建筑设计防火规范（2018 年版）》（GB 50016—2014）的规定进行防火和安全分区。

（2）商业空间外部的招牌、广告等附着物应与建筑物之间牢固结合，且凸出的招牌、广告等的底部至室外地面的垂直距离不应小于 5 m。

（3）商业空间设置外向橱窗时应符合下列规定：

1）橱窗的平台高度宜至少比室内和室外地面高 0.20 m。

2）橱窗应满足防晒、防眩光、防盗等要求。

3）采暖地区的封闭橱窗可不采暖，其内壁应采取保温构造，外表面应采取防雾构造。

（4）商业空间的外门窗应符合下列规定：

1）有防盗要求的门窗应采取安全防范措施。

2）外门窗应根据需要，采取通风、防雨、遮阳、保温等措施。

3）严寒和寒冷地区的门应设置门斗或采取其他防寒措施。

（5）商业空间的公用楼梯、台阶、坡道、栏杆应符合下列规定：

1）楼梯梯段最小净宽、踏步最小宽度和最大高度应符合表 5-9 的规定。

表 5-9 楼梯梯段最小净宽、踏步最小宽度和最大高度

楼梯类别	楼梯梯段最小净宽 /m	踏步最小宽度 /m	踏步最大高度 /m
营业区的功用梯	1.40	0.28	0.16
专门疏散楼梯	1.20	0.26	0.17
室外楼梯	1.40	0.30	0.15

2）室内外台阶的踏步高度不应大于 0.15 m 且不宜小于 0.10 m，踏步宽度不应小于 0.30 m；当高差不足两级踏步时，应按坡道设置，其坡度不应大于 1∶12。

3）楼梯、室内回廊、内天井等临空处的栏杆应采用防攀爬的构造，当采用垂直杆件作栏杆时，其杆件净距不应大于 0.11 m（图 5-37）。

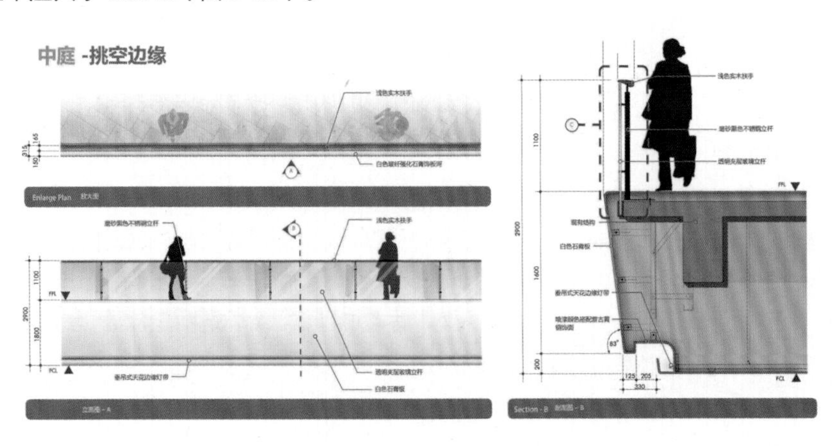

图 5-37 中庭栏杆

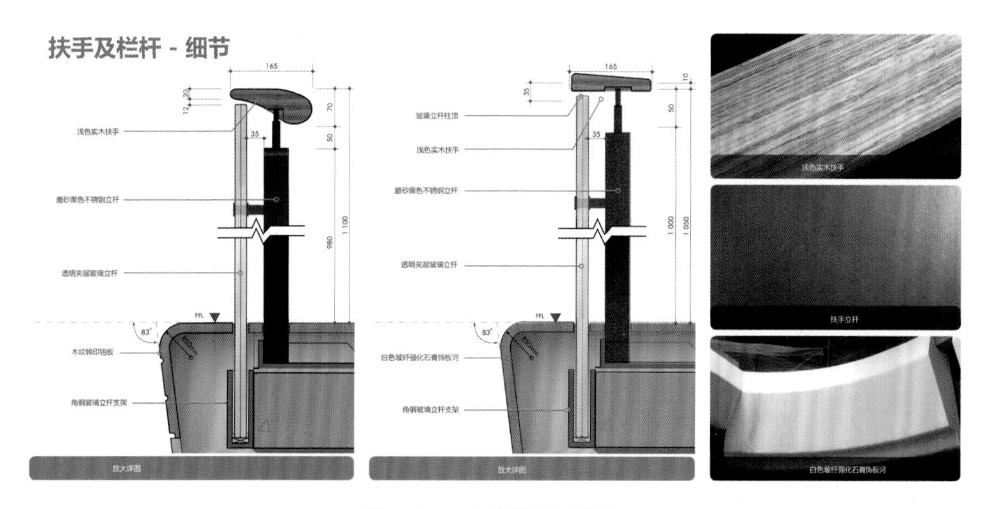

图 5-37　中庭栏杆（续）

（6）商业空间内设置的自动扶梯、自动人行道除应符合《民用建筑设计统一标准》（GB 50352—2019）的有关规定外，还应符合下列规定（图 5-38）：

1）自动扶梯倾斜角度不应大于 30°，自动人行道倾斜角度不应超过 12°。

2）自动扶梯、自动人行道上、下两端水平距离 3 m 范围内应保持畅通，不得兼作他用。

3）扶手带中心线与平行墙面或楼板开口边缘间的距离、相邻设置的自动扶梯或自动人行道的两梯（道）之间扶手带中心线的水平距离应大于 0.50 m，否则应采取措施，以防对人员造成伤害。

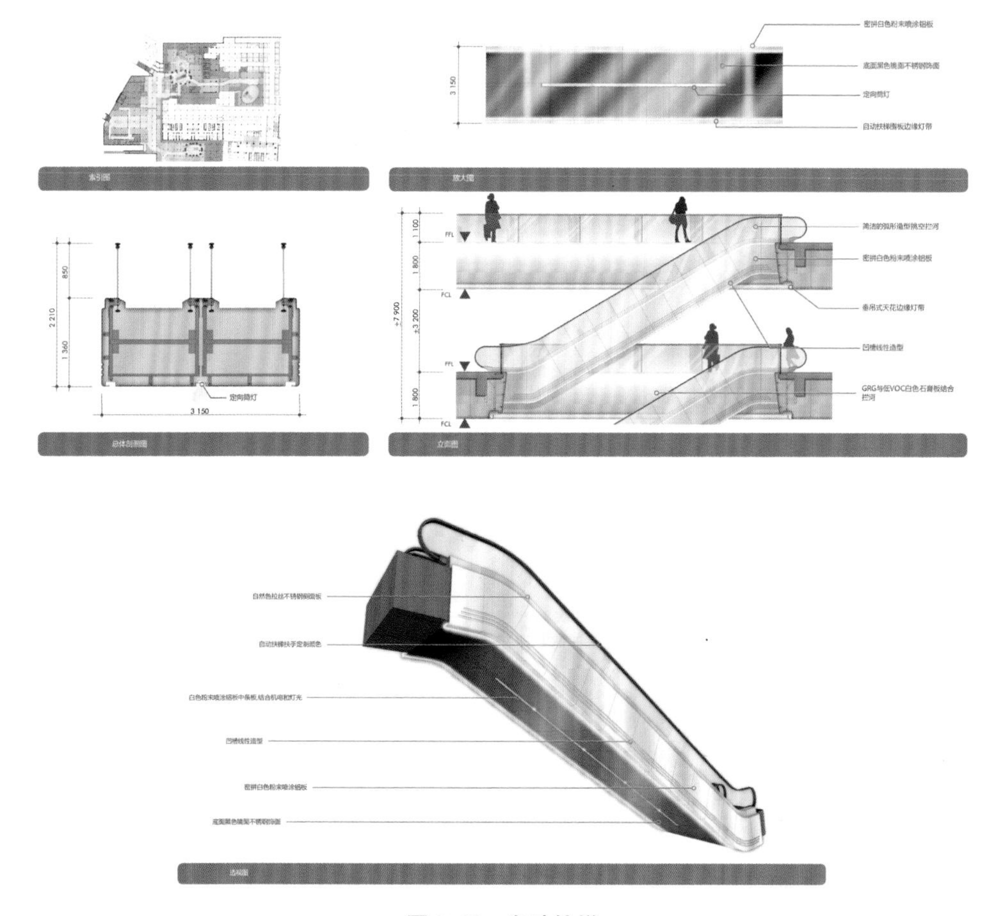

图 5-38　自动扶梯

（7）商店营业厅的疏散门应为平开门，且应向疏散方向开启，其净宽不应小于 1.40 m，并不宜设置门槛（图 5-39）。

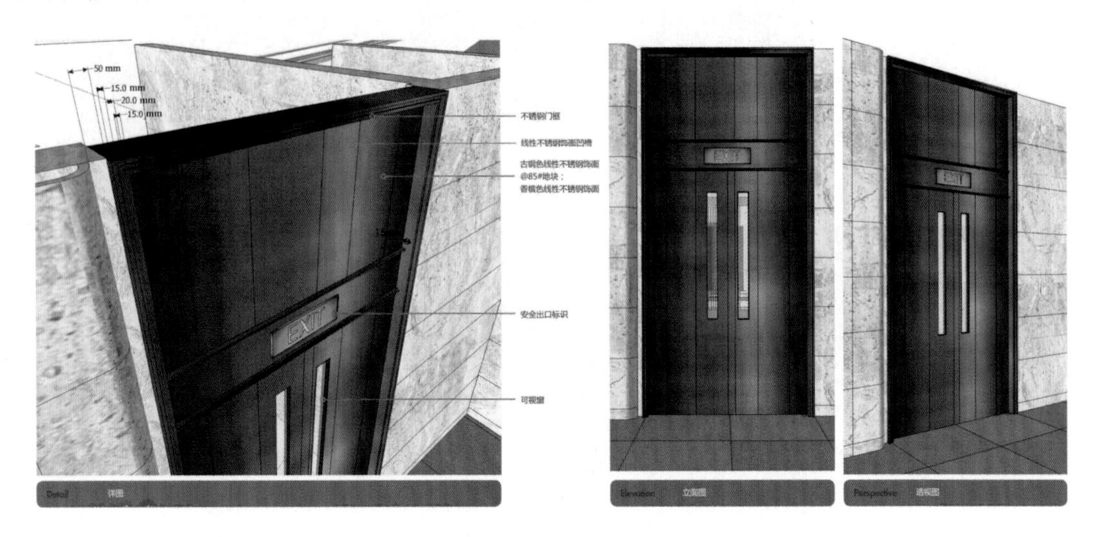

图 5-39　疏散门

（8）商业空间采用自然通风时，其通风开口的有效面积不应小于该房间（楼）地板面积的 1/20。

二、营业区设计规范

（1）营业厅内通道的最小净宽度应符合表 5-10 的规定。

表 5-10　营业厅内通道的最小净宽度

通道位置		最小净宽度 /m
通道在柜台或货架与墙面或陈列窗之间		2.20
通道在两个平行柜台或货架之间	每个柜台或货架长度小于 7.50 m	2.20
	一个柜台或货架长度小于 7.50 m，另一个柜台或货架长度为 7.50~15.0 m	3.00
	每个柜台或货架长度为 7.50~15.00 m	4.00
	每个柜台或货架长度大于 15.00 m	4.00
	通道一端设有楼梯时	上、下两个楼梯段宽度之和再加 1.00 m
柜台或货架边与开敞楼梯最近踏步间距离		4.00，且不小于楼梯间净宽度

注：1. 当通道内设有陈列物时，通道最小净宽度应增加该陈列物的宽度；
2. 无柜台营业厅的通道最小净宽度可根据实际情况，在本表的规定基础上酌减，减小量不应大于 20%；
3. 菜市场营业厅的通道最小净宽度宜在本表的规定基础上再增加 20%。

（2）营业厅的净高应按其平面形状和通风方式确定，并应符合表 5-11 的规定。

表 5-11　营业厅的净高

通风方式	自然通风			机械排风和自然通风相结合	空气调节系统
	单面开窗	前面敞开	前面开窗		
最大进深与净高比	2 : 1	2.5 : 1	4 : 1	5 : 1	—
最小净高 /m	3.20	3.20	3.50	3.50	3.00
注：设有空调设施、新风量和过渡季节通风量不小于 20 m^3 /（h · 人），并且有人工照明的面积不超过 50 m^2 的房间或宽度不超过 3 m 的局部空间的净高可酌减，但不应小于 2.40 m。					

（3）营业厅内或近旁宜设置附加空间或场地，并应符合下列规定：

1）服装区宜设置试衣间。

2）宜设置检修钟表、电器、电子产品等的场地。

3）销售乐器和音响器材等的营业厅宜设置试音室，且面积不应小于 2 m^2。

（4）自选营业厅设计应符合下列规定：

1）厅前应设置顾客物品寄存处、进厅闸位、供选购用的盛器堆放位及出厅收款位等，且面积之和不宜小于营业厅面积的 8%。

2）应根据营业厅内可容纳顾客人数，在出厅处按每 100 人设收款台 1 个（含 0.60 m 宽顾客通过口）。

3）面积超过 1 000 m^2 的营业厅宜设闭路电视监控装置。

（5）自选营业厅的面积可按每位顾客 1.35 m^2 计，当采用购物车时，应按 1.70 m^2/ 人计。

（6）自选营业厅内通道最小净宽度应符合表 5-12 的规定，并应按自选营业厅的设计容纳人数对疏散用的通道宽度进行复核。兼作疏散的通道宜直通至出厅口或安全出口。

表 5-12　自选营业厅内通道最小净宽度

通道位置		最小净宽度 /m	
		不采用购物车	采用购物车
通道在两个平行货架之间	靠墙货架长度不限，离墙货架长度小于 15 m	1.60	1.80
	每个货架长度小于 15 m	2.20	2.40
	每个货架长度为 15~24 m	2.80	3.00
与各货架相垂直的通道	通道长度小于 15 m	2.40	3.00
	通道长度不小于 15 m	3.00	3.60
货架与出入闸位间的通道		3.80	4.20
注：当采用货台、货区时，其周围留出通道宽度，可按商品的可选性进行调整。			

（7）大型和中型商业空间内连续排列的商铺应符合下列规定：

1）各商铺的作业运输通道宜另设。

2）商铺内面向公共通道营业的柜台，其前沿应后退至距离通道边线不小于 0.50 m 的位置。

（8）大型和中型商业空间内连续排列的商铺之间的公共通道最小净宽度应符合表 5-13 的规定。

表 5-13 连续排列的商铺之间的公共通道最小净宽度

通道名称	最小净宽度 /m	
	通道两侧设置商铺	通道一侧设置商铺
主要通道	4.00，且不小于通道长度的 1/10	3.00，且不小于通道长度的 1/15
次要通道	3.00	2.00
内部作业通道	1.80	—
注：主要通道长度按其两端安全出口间距离计算。		

（9）大型和中型商场内连续排列的饮食店铺的灶台不应面向公共通道，并应设置机械排烟通风设施。

（10）大型和中型商店应设置为顾客服务的设施，并应符合下列规定：

1）宜设置休息室或休息区，且面积宜按营业厅面积的 1.00%~1.40%计。

2）应设置为顾客服务的卫生间，并宜设服务问讯台。

（11）供顾客使用的卫生间设计应符合下列规定（图 5-40）：

1）应设置前室，且厕所的门不宜直接开向营业厅、电梯厅、顾客休息室或休息区等主要公共空间。

2）宜有天然采光和自然通风，条件不允许时，应采取机械通风措施。

3）中型以上的商业空间应设置无障碍专用厕所，小型商业空间应设置无障碍厕位。

4）卫生设施的数量应符合《城市公共厕所设计标准》（CJJ 14—2016）的规定，且卫生间内宜配置污水池。

5）当每个厕所大便器数量为 3 具及 3 具以上时，应至少设置 1 具坐式大便器。

6）大型商店宜独立设置无性别公共卫生间，并应符合《无障碍设计规范》（GB 50763—2012）的规定。

7）宜设置独立的清洁间。

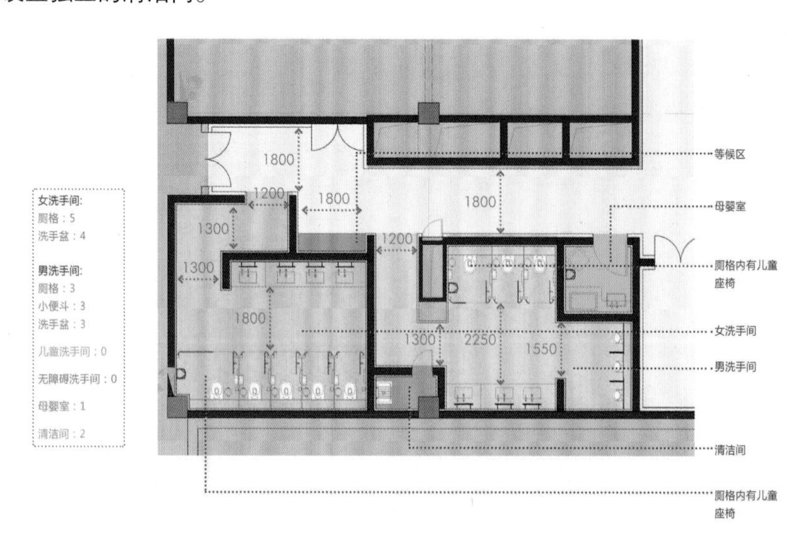

图 5-40 商场卫生间

（12）仓储式商店营业厅的室内净高应满足堆高机、叉车等机械设备的提升高度要求。货架的布置形式应满足堆高机、叉车等机械设备移动货物时对操作空间的要求。

（13）菜市场设计应符合下列规定：

1）在菜市场内设置商品运输通道时，其宽度应包括顾客避让宽度。

2）商品装卸和堆放场地应与垃圾废弃物场地相隔离。

3）菜市场内净高应满足通风、排除异味的要求；其地面、货台和墙裙应采用易于冲洗的面层，并应有良好的排水设施；当采用明沟排水时，应加盖箅子，沟内阴角应做成弧形。

（14）大型和中型书店设计应符合下列规定：

1）营业厅宜按书籍文种、科目等划分范围或层次，顾客较密集的售书区应位于出入方便区域。

2）营业厅可按经营需要设置书展区域。

3）设有较大的语音、声像售区时，宜提供试听设备或设试听、试看室。

4）当采用开架书廊营业方式时，可利用空间设置夹层，其净高不应小于 2.10 m。

5）开架书廊和书库储存面积指标，可按 400~500 册 /m^2 计；书库底层入口宜设置汽车卸货平台。

（15）家居建材商店应符合下列规定：

1）底层宜设置汽车卸货平台和货物堆场，并应设置停车位。

2）应根据所售商品的种类和商品展示的需要进行平面分区。

3）楼梯宽度和货梯选型应便于大件商品搬运。

三、仓储区设计规范

（1）商业空间应根据规模、零售业态和需要等设置供商品短期周转的储存库房，卸货区，商品出入库及与销售有关的整理、加工和管理等用房。储存库房可分为总库房、分部库房、散仓。

（2）储存库房设计应符合下列规定：

1）单建的储存库房或设在建筑内的储存库房应符合国家现行有关防火标准的规定，并应满足防盗、通风、防潮和防鼠等要求。

2）分部库房、散仓应靠近营业厅内的相关销售区，并宜设置货运电梯。

（3）食品类商店仓储区应符合下列规定：

1）根据商品的不同保存条件，应分设库房或在库房内采取有效隔离措施。

2）各用房的地面、墙裙等均应为可冲洗的面层，并不得采用有毒和容易发生化学反应的涂料。

（4）中药店的仓储区宜按各类药材、饮片及成药对温、湿度和防霉变等的不同要求分设库房。

（5）西医药店的仓储区应设置与商店规模相适应的整理包装间，检验间及按药品性质、医疗器材种类分设的库房；对无特殊储存条件要求的药品库房，应保持通风良好、空气干燥、无阳光直射，且室温不应大于 30 ℃。

（6）储存库房内存放商品应紧凑、有规律。货架或堆垛间的通道净宽度应符合表 5-14 的规定。

表 5-14　货架或堆垛间的通道净宽度　　m

通道位置	净宽度
货架或堆垛与墙面之间的通风通道	>0.30
平行的两组货架或堆垛间手携商品通道，按货架或堆垛宽度选择	0.70~1.25
与各货架或堆垛间通道相连的垂直通道，可以通行轻便手推车	1.50~1.80
电瓶车通道（单车道）	>2.50

注：1. 单个货架宽度为 0.30~0.90 m，一般为两架并靠成组，堆垛宽度为 0.60~1.80 m；
2. 储存库房内电瓶车行速不应超过 75 m/min，其通道宜取直，或者设置不小于 6 m × 6 m 的回车场地。

（7）储存库房的净高应根据有效储存空间及减少至营业厅垂直运距等确定，应按楼地面至上部结构主梁或桁架下弦底面间的垂直高度计算，并应符合下列规定：

1）设有货架的储存库房净高不应小于 2.10 m。

2）设有夹层的储存库房净高不应小于 4.60 m。

3）无固定堆放形式的储存库房净高不应小于 3.00 m。

商业空间设计如图 5-41 ~ 图 5-45 所示。

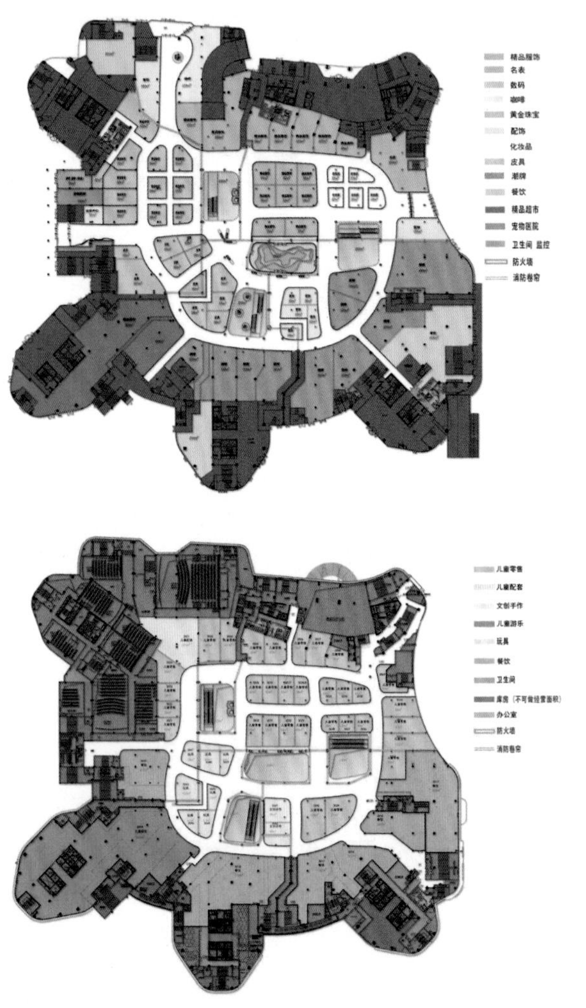

图 5-41　商业空间平面

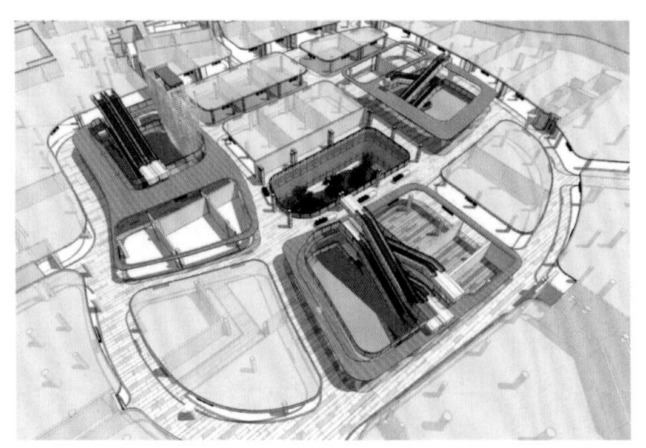
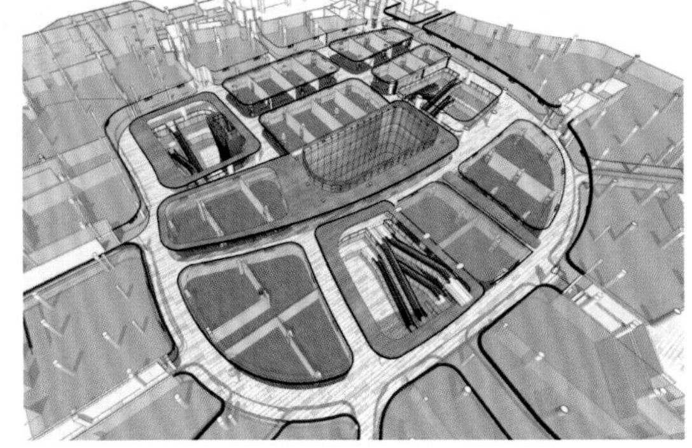

图 5-42　平面分析图

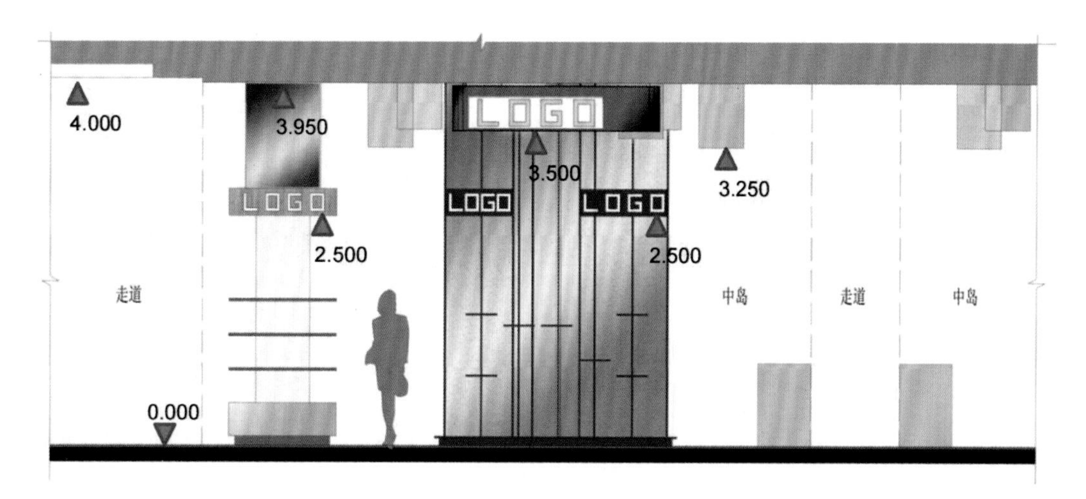

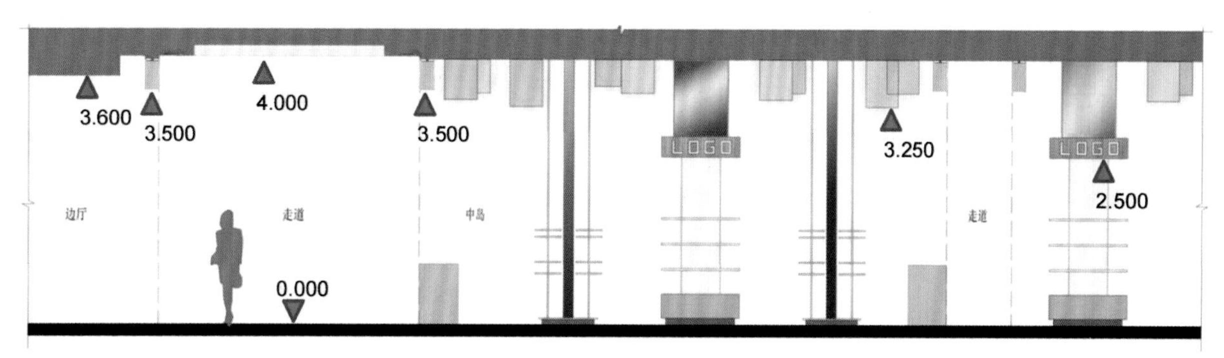

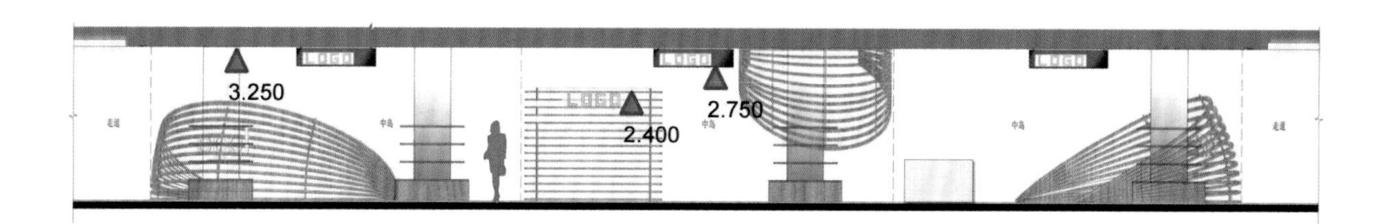

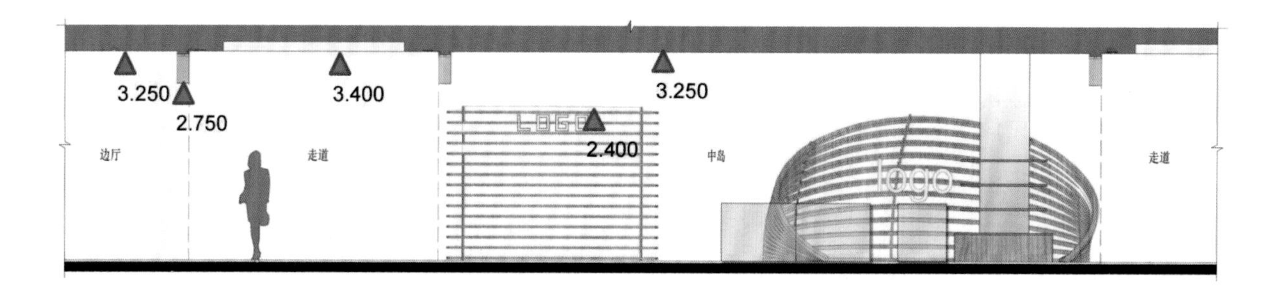

图 5-43 中岛立面彩平图

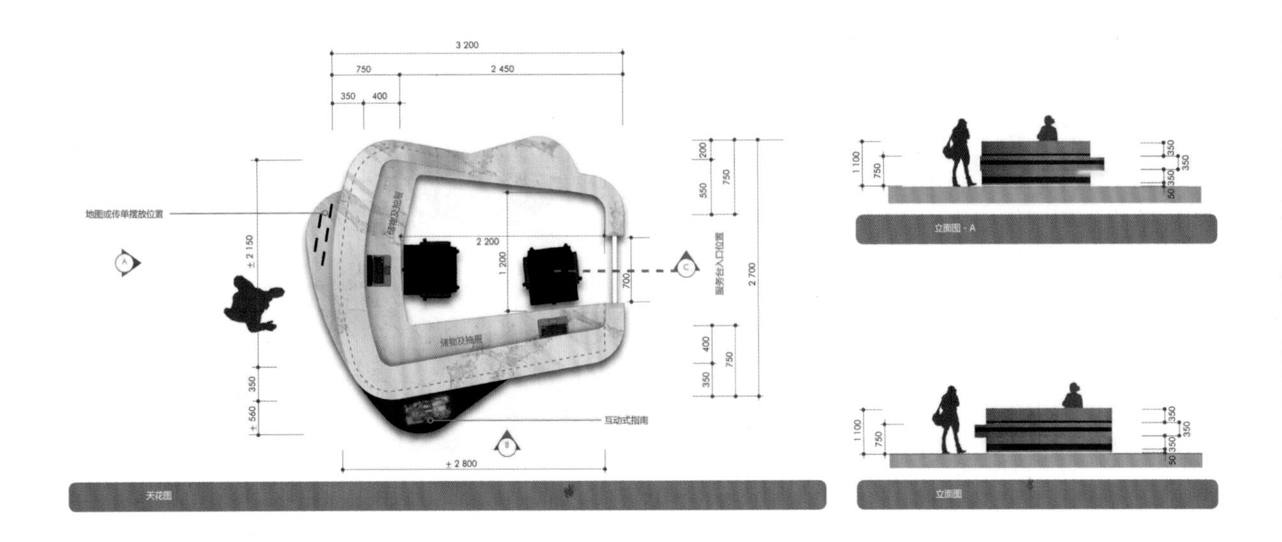
3 200
750
2 450
350
400
地图或传单摆放位置
2 200
1 200
700
服务台入口位置
2 700
互动式指南
± 2 800
天花图
1 100
750
立面图 - A
立面图

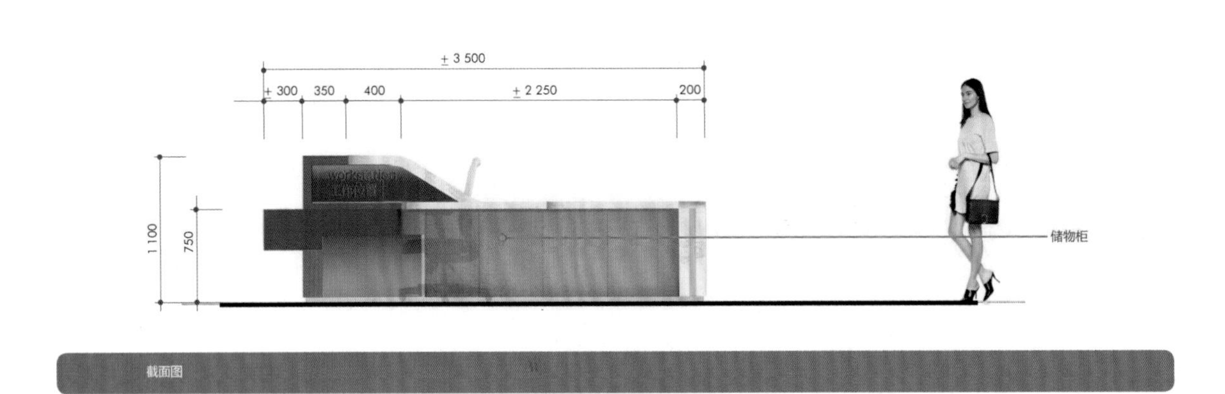
± 3 500
± 300
350
400
± 2 250
200
1 100
750
储物柜
截面图

白色天然石材台面
喷砂香槟色铝板表面
CONCIERGE
地图或传单摆放位置
互动式屏幕指南
效果图

图 5-44　服务台

图 5-45 商业空间效果

任务三 商业空间设计项目实训

一、项目实训任务

实训任务书一	
商业空间设计项目	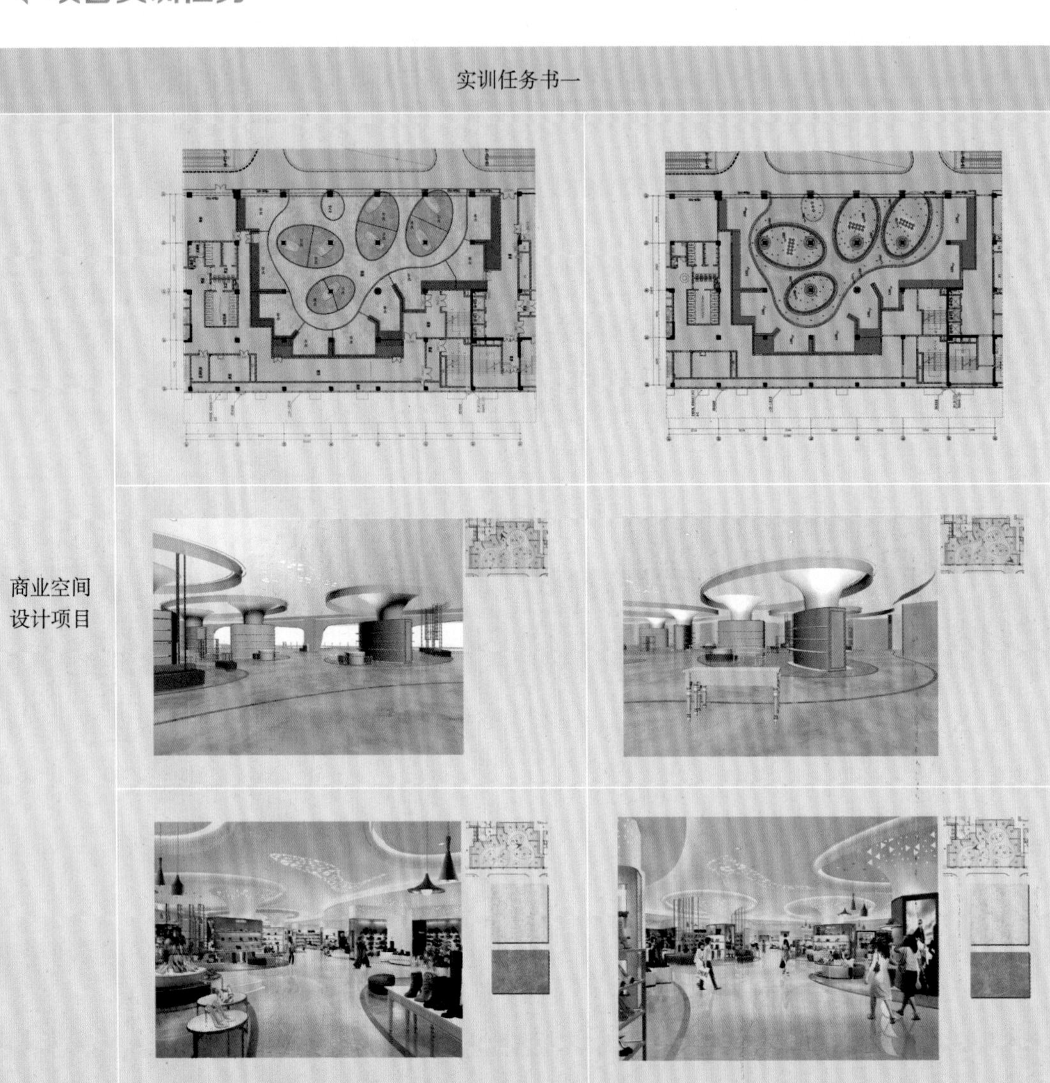
项目概况	此为百货商场空间，商场业态定位为鞋馆，面积为 1 100 m^2，位于某购物中心的二层，建筑层高为 4.8 m，请根据建筑结构图、平面方案及效果图绘制完整施工图
设计内容及要求	（1）室内功能空间需划分出各商铺，且商铺内有编号、面积及高柜位，学生根据提供的资料完成扩初设计。 （2）根据平面方案、效果图，完成鞋馆所有施工图。图纸满足相关规范要求，所有剖切节点构造要合理，表达清晰
提交成果	施工图：封面、目录、设计说明、材料表、原始平面图、平面布置图、顶面布置图、吊顶造型及灯具定位图、地面布置图、隔墙定位图、强弱电布置图、高柜布置图、索引图、所有空间立面图、节点大样图等
建议学时	平面部分：4 学时；立面部分：4 学时；节点部分：2 学时

实训任务

任务参考

实训任务书二

商业空间设计项目

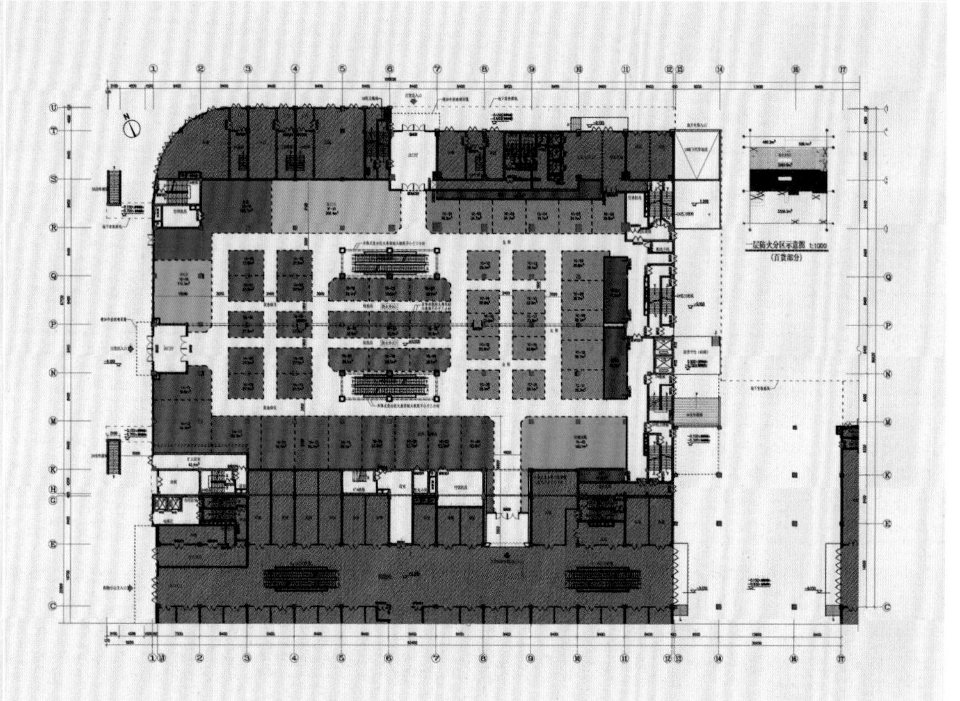

柜位编号	区　块	业态（种）	柜位面积/m²	柜位数量/个
1A		黄金珠宝	649.0	16
1B		化妆品	268.0	9
1C		女鞋	663.2	21
1D		名表	169.7	1
1E		APPLE(苹果店)	117.7	1
1F		星巴克	206.5	1
1G		烟酒滋补品	224.4	4
1H		哈根达斯	180.1	1
		储藏	140.6	
		金库	17.3	
合计			2 636.2	54
本层租赁建筑面积/m³			5 170.3	
百分比/%			50.99	

项目概况	此为百货商场空间，总共六层，属于一类高层建筑，耐火等级为一级。设计范围为一层的①～⑫轴与Ⓗ～Ⓤ轴区域，百货区域设计面积约为 5 170 m²，建筑高度为 4.8 m
设计内容及要求	提供平面布置图及业态分布表，根据所提供的文件完成此空间的方案效果设计及施工图绘制。图纸满足相关规范要求，所有剖切节点构造要合理，表达清晰
提交成果	（1）施工图：封面、目录、设计说明、材料表、平面布置图、顶面布置图、吊顶造型及灯具定位图、地面布置图、尺寸定位图、强弱电布置图、防烟分区图、索引图、所有空间立面图、节点大样图等。 （2）效果图。 （3）方案文本（PPT 制作）
建议学时	方案效果图：8 学时；平面部分：8 学时；立面部分：4 学时；节点部分：2 学时；方案文本：2 学时

二、项目实施计划

项目实施计划		
实施步骤	项目要求	活动安排
步骤一：职业沟通练习	在课堂上以小组为单位分配设计师和客户的角色，通过角色扮演，了解项目实际操作过程中设计师与客户之间如何沟通与协调	活动 1：角色选择
		活动 2：角色扮演
		活动 3：相互评价
步骤二：项目前期准备	分析此百货空间的类型、业态、产品定位等，选择同类型商业空间进行实地调研	活动 1：分析实训项目情况
		活动 2：选择同类型商业空间进行实地调研
步骤三：商业空间概念方案设计	撰写设计说明，绘制建筑原始结构图，布置平面方案	活动 1：撰写设计说明
		活动 2：平面方案设计
步骤四：商业空间建模，深化效果	通过 SU、3D 软件进行效果图深化	活动 1：绘制效果图
		活动 2：方案汇报
		活动 3：展示评价
步骤五：商业空间施工图设计	完成标准施工图，包括封面、设计说明、材料表、平面图、立面图和节点图	活动 1：绘制施工图
		活动 2：审核修改
		活动 3：装订成册
步骤六：项目汇报	将百货商场的方案设计过程制作成 PPT，在课堂上讲解，师生交流并总结	方案汇报

三、评价与总结

一级指标	二级指标	评价内容	分值	自评	教师评价
工作能力	协作能力	为小组查找资料并进行归类和检验，提出及解决问题	10		
	实践能力	熟练运用设计软件	20		
	表达能力	正确组织和传达工作任务内容	10		
	创新能力	设计独具创意的方案	20		
设计能力	方案设计	设计合理，材料运用得当，有很高的审美水平	10		
	绘制标准施工图	施工图规范标准、图面整洁美观	10		
	绘制高质量效果图	效果图高清、逼真、美观	10		
	制作方案汇报文本	PPT 排版美观、内容全面	10		
合计			100		
总结					

单元四　酒店空间设计

酒店是指为旅客提供住宿、饮食服务以至娱乐活动的公共建筑。其基本定义是提供安全、舒适，令使用者得到短期的休息或睡眠的商业空间机构。具体地说，酒店是以它的建筑物为凭证，通过出售客房、餐饮及综合服务设施向客人提供服务，从而获得经济收益的组织。酒店（Hotel）一词原为法语，起初是指法国贵族在乡下招待贵宾的别墅。后来，欧美的酒店业沿用了这一名词。进入我国后，南方多沿用“酒店”一词，北方则多用“饭店”“旅馆”等称谓。酒店主要为游客提供住宿服务、生活服务及设施服务（餐饮、游戏、娱乐、购物、商务中心、宴会及会议等设施）。

课件：酒店空间设计

任务一　酒店空间的分类和构成

一、酒店空间的分类

1. 根据酒店的经营特点分类

根据酒店的经营特点，酒店可分为商务型酒店、度假型酒店，主题型酒店、观光型酒店、会议型酒店、公寓式酒店。

（1）商务型酒店：主要以接待从事商务活动的客人为主，是为商务活动服务的。这类客人对酒店的地理位置要求较高，要求酒店靠近城区或商业中心区。其客流量一般不受季节的影响而产生大的变化。商务型酒店的设施设备齐全、服务功能较为完善。

（2）度假型酒店：以接待休假的客人为主，多兴建在海滨、温泉、风景区附近。其经营的季节性较强。度假性酒店要求有较完善的娱乐设备。

（3）主题型酒店：以某一特定的主题来体现酒店的建筑风格和装饰艺术，以及特定的文化氛围，一般历史、文化、城市、自然、神话故事、童话故事等都可成为主题。

（4）观光型酒店：主要为观光旅游者服务，多建造在旅游点，其不仅要满足旅游者食住的需要，还要求有公共服务设施，以满足旅游者休息、娱乐、购物的综合需要，使旅游生活丰富多彩，使旅游者得到精神上和物质上的享受。

（5）会议型酒店：以接待会议旅客为主，除食宿娱乐外，还为会议代表提供接送站、会议资料打印、录像摄像、旅游等服务。要求有较为完善的会议服务设施（大小会议室、同声传译设备、投影仪等）和功能齐全的娱乐设施。

（6）公寓式酒店：公寓式酒店最早始于欧洲，提供“酒店式的服务，公寓式的管理”，是当时旅游区内租给游客，供其临时休息的场所，由专门公司进行统一管理，既有酒店的性质，又相当于个人的“临时住宅”。在公寓式酒店既能享受酒店提供的便利服务，又能享受居家的快乐，住户不仅有独立的卧室、客厅、卫浴间、衣帽间等，还可以在厨房里自己烹饪美味的佳肴。房间由公寓的服务员清扫。由于公寓式酒店主要集中在市中心的高档住宅区内，集住宅、酒店、会所多功能于一体，因此出租价格一般都不低。

2. 根据酒店的星级标准分类

按照酒店的建筑设备、服务质量、管理水平的等级，酒店可分为一星级酒店、二星级酒店、三星级酒店、四星级酒店、五星级酒店等。

（1）一星级酒店：设备简单，具备食、宿两个最基本的功能，能满足客人最简单的旅行需要，提供基本的服务，属于经济等级，应符合经济能力较差的旅游者的需要。

（2）二星级酒店：设备一般，除具备客房、餐厅等基本设备外，还有卖品部、邮电部、理发部等综合服务设施，服务质量较好，属于一般旅行等级，满足旅游者的中下等的需要。

（3）三星级酒店：设备齐全，不仅提供食、宿，还有会议室、游艺厅、酒吧间、咖啡厅、美容室等综合服务设施。每间客房面积约为 20 m^2，家具齐全，并有电冰箱、彩色电视机等。服务质量较好，收费标准较高。这种属于中等水平的酒店在国际上最受欢迎，数量较多。

（4）四星级酒店：设备豪华，综合服务设施完善，服务项目多，服务质量优良，讲究室内环境艺术，提供优质服务。客人不仅能够得到高级的物质享受，也能得到很好的精神享受。这种酒店在国际上通常称为一流水平的饭店，收费一般很高，主要满足经济地位较高的上层旅游者和公费旅行者的需要。

（5）五星（或四星豪华）级酒店：设备十分豪华，设施更加完善，除房间设施豪华外，服务设施也非常齐全。具有各种各样的餐厅，较大规模的宴会厅、会议厅，综合服务比较齐全，包括社交、会议、娱乐、购物、消遣、保健等活动中心。其环境优美，服务质量很高，相当于一个亲切惬意的小社会。其收费标准很高，主要满足社会名流、大企业公司的管理人员、专家、学者等上层旅游者的需要。

3. 根据客房的数量规模分类

按照客房的数量和规模，酒店可分为以下几类：

（1）超大型酒店：2 000 间客房以上。

（2）大型酒店：1 000 间客房以上。

（3）中大型酒店：500~1 000 间客房。

（4）中型酒店：200~500 间客房。

（5）中小型酒店：50~200 间客房。

（6）小型酒店：50 间客房以下。

二、酒店空间的构成

酒店是为客人提供住宿、餐饮、会议、健身和娱乐等全部或部分服务的公共建筑。酒店内部的功能划分大致包括前台部分和后台部分。前台部分主要是指为宾客提供直接服务、供其使用和活动的区域，包括酒店大堂、前台接待区、休息区、餐饮区、休闲娱乐区、会议商务区、客房等，凡是宾客活动的地方都可归属于前台部分；后台部分是为前台和整个酒店正常工作提供保障的部分，包括办公、后勤、工程设备等（表 5-15）。在酒店设计中，应围绕前台部分的功能和要求来展开规划与设计。在区域位置的划分和布局上，应优先将前台部分的功能区域放在环境好、流通顺畅、方便的位置上。后台部分的功能区域应尽量放在隐蔽的位置上，前台和后台要能相互关联和衔接，以方便管理和服务。

表 5-15 酒店空间的功能

酒店空间的功能								
前台部分					后台部分			
接待	住宿	餐饮	休闲娱乐	公共	办公管理	工程保障	后勤	财务
大堂、总台、电梯	客房	餐厅、酒吧、咖啡厅、宴会厅	健身房、游泳池、棋牌室、舞厅、KTV	商店、会议中心、商务、庭院	办公室	锅炉、配电、空调、消防、监控、总机	厨房、布草间、更衣室、仓库	财务出纳、采购

酒店空间通常由公共部分、客房部分、辅助部分三大部分构成。

1. 公共部分

公共部分是指酒店公众共有、共享的场所，是为客人提供接待、餐饮、会议、健身、娱乐等服务的公共空间。其主要包括前台、大厅（图 5-46）、餐厅、电梯、走廊、卫生间、庭院、大堂酒吧、附属的咖啡厅、歌舞厅；还包括停车场、会议室、内部商场、多功能厅及康乐区域等。

图 5-46 酒店大堂

2. 客房部分

客户部分是为客人提供住宿及配套服务的空间或场所。不同类型的酒店面临着不同需求的消费人群，因此其功能布局、风格设计也不尽相同。客房部分是酒店的重要组成部分，是酒店品质的重要表现，更是客人体验酒店的重要场所（图 5-47）。

图 5-47 酒店客房

3. 辅助部分

辅助部分为与客人住宿、活动配套的辅助空间或场所，通常指酒店空间服务人员工作、休息、生活的非公共空间或场所。

任务二 酒店空间常用设计规范

一、一般设计规范

（1）为满足伤残人士、老年人和妇女儿童的特殊使用要求，方便他们参与各类社会活动，酒店空间应进行无障碍设计，并应符合《无障碍设计规范》（GB 50763—2012）的规定。

（2）酒店空间的客房部分、公共部分与辅助部分所使用流线不宜交叉，公共部分及辅助部分的设备设施往往对客房部分产生强噪声或振动等不利影响，因此，客房部分与公共部分、辅助部分宜分区设置。

（3）餐厅、厨房、食品储藏等房间有严格的卫生标准和使用要求。酒店空间的卫生间、盥洗室、浴室不应设置在餐厅、厨房、食品贮藏等有严格卫生要求用房的直接上层。

（4）变配电室等房间有严格的安全运营环境要求。水能传导电，如果有水房间在其直接上层难免会产生隐患，因此，设计时应避免将卫生间、盥洗室、浴室设置在变配电室等有严格防潮要求用房的直接上层。采用降板同层排水或双层楼板但夹层中人员无法进入的，且没有排水处理渠道的，都是不可取的。

（5）电梯及电梯厅设置应符合下列规定（图 5-48）：

1）四星级、五星级酒店空间二层宜设置乘客电梯，三层及三层以上应设置乘客电梯。一星级、二星级、三星级酒店空间三层宜设置乘客电梯，四层及四层以上应设置乘客电梯。

2）客房部分宜至少设置两部乘客电梯，四星级及以上酒店空间公共部分宜设置自动扶梯或专用乘客电梯。

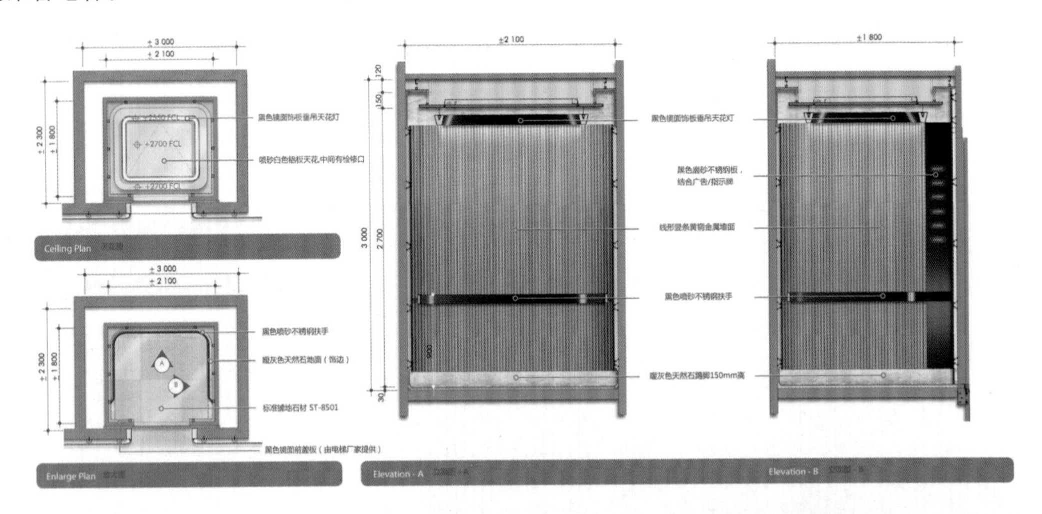

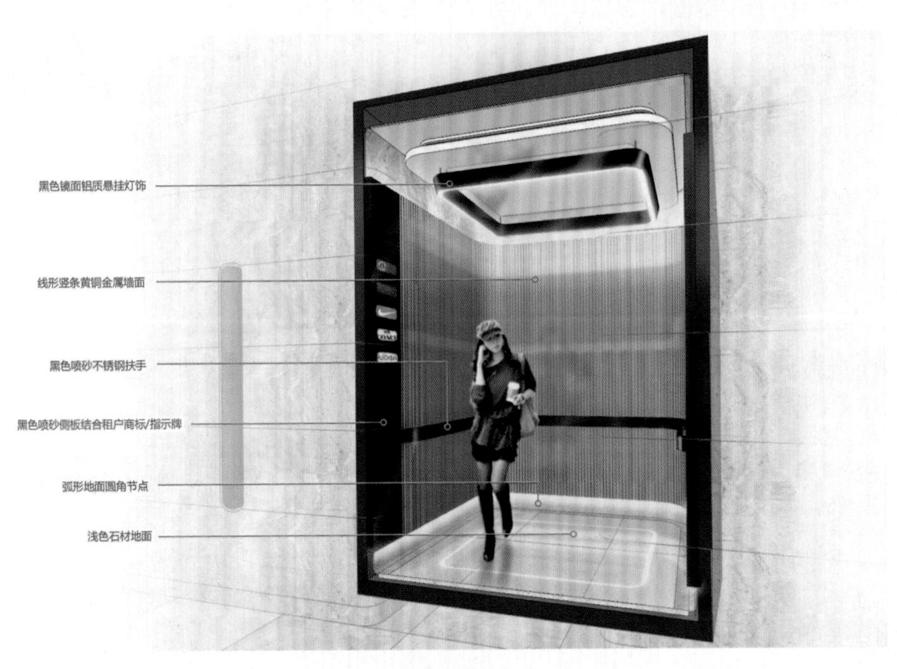

图 5-48 电梯轿厢

（6）中庭栏杆或栏板高度不应低于 1.20 m，并应以坚固、耐久的材料制作，应能承受《建筑结构荷载规范》（GB 50009—2012）规定的水平荷载。

二、客房部分设计规范

（1）客房是酒店空间最重要的部分。为旅馆内客人提供住宿的空间，安静的休息环境首先需要得到保障。锅炉房、制冷机房、水泵房、冷却塔等酒店空间的附属设施是产生噪声、振动主要场所，应采取隔声、减振等措施。客房部分设计应符合下列规定：

1）不宜设置在无外窗的建筑空间内。

2）客房、会客厅不宜与电梯井道贴邻布置。

3）多床客房间内床位数不宜多于 4 床。

4）客房内应设有壁柜或挂衣空间。

（2）无障碍客房应设置在距离室外安全出口最近的客房楼层，并应设置在该楼层进出便捷的位置。

（3）公寓式酒店客房中的卧室及采用燃气的厨房或操作间应直接采光、自然通风。

（4）客房净面积不应小于表 5-16 的规定。

表 5-16　客房净面积　m^2

酒店等级	一星级	二星级	三星级	四星级	五星级
单人床间	—	8	9	10	12
双床或双人床间	12	12	14	16	20
多床间（按每床计）	每床不小于 4			—	—

注：客房净面积是指除客房阳台、卫生间和门内出入口小走道（门廊）以外的房间内面积（公寓式酒店的客房除外）。

（5）客房附设卫生间配置不应低于表 5-17 的规定。

表 5-17　客房附设卫生间配置

酒店等级	一星级	二星级	三星级	四星级	五星级
净面积 /m^2	2.5	3.0	3.0	4.0	5.0
占客房总数百分比 /%	—	50	100	100	100
卫生器具 / 件	2		3		

注：2 件指大便器、洗面盆；3 件指大便器、洗面盆、浴盆或淋浴间（开放式卫生间除外）。

（6）公共卫生间和浴室不宜向室内公共走道设置可开启的窗户，客房附设的卫生间不应向室内公共走道设置窗户。

（7）客房室内净高应符合下列规定：

1）客房居住部分净高，当设空调时不应低于 2.40 m，当不设空调时不应低于 2.60 m。

2）卫生间净高不应低于 2.20 m。

3）客房层公共走道及客房内走道净高不应低于 2.10 m。

（8）客房门符合下列规定：

1）客房入口门的净宽不应小于 0.90 m，门洞净高不应低于 2.00 m。

2）客房卫生间门的净宽不应小于 0.70 m，净高不应低于 2.10 m；无障碍客房卫生间门净宽不应小于 0.80 m。

（9）客房部分走道应符合下列规定：

1）单面布房的公共走道净宽不得小于 1.30 m，双面布房的公共走道净宽不得小于 1.40 m。

2）客房内走道净宽不得小于 1.10 m。

3）无障碍客房走道净宽不得小于 1.50 m。

4）对于公寓式酒店，公共走道、套内入户走道净宽不宜小于 1.20 m；通往卧室、起居室（厅）的走道净宽不应小于 1.00 m；通往厨房、卫生间、贮藏室的走道净宽不应小于 0.90 m。

（10）度假酒店客房宜设置阳台。阳台设计应充分考虑其安全性及私密性，相邻客房之间、客房与公共部分之间的阳台应分隔，且应避免视线干扰。

（11）客房层服务用房应符合下列规定：

1）宜设置服务人员工作间、贮藏间或开水间，且贮藏间应设置服务手推车停放及操作空间。

2）三星级及以上酒店应设置工作消毒间；一星级和二星级酒店空间应有消毒设施。

3）工作消毒间应设置有效的排气措施，且蒸汽或异味不应窜入客房。

4）客房层应设置服务人员卫生间。

5）当服务通道有高差时，宜设置坡度不大于 1∶8 的坡道。

三、公共部分设计规范

（1）门厅（大堂）是酒店必须设置的公共空间，不同等级、不同类型、不同规模的酒店其门厅大堂空间内设置的内容差异很大。一般来说，四星级、五星级酒店门厅（大堂）主要设置总服务台（提供接待、结账、问询等服务）、前台办公室、休息会客区、卫生间、物品（贵重物品、行李）寄存区、内线电话区、大堂酒吧、楼梯、电梯厅等。一星级、二星级酒店一般仅设置总服务台、卫生间、休息会客区，其余如物品寄存等许多服务内容均由总服务台兼顾。酒店空间门厅（大堂）应符合下列规定：

1）酒店门厅（大堂）内或附近应设置总服务台、旅客休息区、公共卫生间、行李寄存空间或区域。

2）门厅（大堂）的总服务台是接待问询、办理入住手续和结账的空间，其位置应显著，使客人容易看到，也便于总台服务员观察客人的活动。对于目前酒店的管理，一般结账时间较为集中，为了避免拥挤，总台应有一定的长度，在前方应预留一定的等候空间，以方便客人等候，在总台附近设前台办公室以方便客房预订、结账等酒店管理工作。其形式应与酒店空间的管理方式、等级、规模相适应，前台应有等候空间，前台办公室宜设置在总服务台附近。

（2）酒店空间应根据性质、等级、规模、服务特点和附近商业饮食设施条件设置餐厅，并应符合下列规定：

1）酒店空间可分别设置中餐厅、外国餐厅、自助餐厅（咖啡厅）、酒吧、特色餐厅等。

2）对于旅客就餐的自助餐厅（咖啡厅）座位数，一星级、二星级商务型酒店可按不少于客房间数的 20%配置，三星级及三星级以上的商务型酒店可按不少于客房间数的 30%配置；一星级、二星级的度假型酒店可按不少于房间间数的 40%配置，三星级及三星级以上的度假型酒店可按不少于客房间数的 50%配置。

3）对于餐厅人数，一星级至三星级酒店的中餐厅、自助餐厅（咖啡厅）宜按 1.0 ~1.2 m^2/ 人计；四星级和五星级酒店的自助餐厅（咖啡厅）、中餐厅宜按 1.5~2 m^2/ 人计；特色餐厅、外国餐厅、包房宜按 2.0~2.5 m^2/ 人计。

（3）酒店空间的宴会厅、会议室、多功能厅等应根据用地条件、布局特点、管理要求设置，并应符合下列规定：

1）宴会厅、多功能厅应设置前厅，会议室应设置休息空间，并应在附近设置有前室的卫生间。

2）宴会厅、多功能厅应配专用的服务通道，并宜设专用的厨房或备餐间。

3）宴会厅、多功能厅的人数宜按 1.5~2.0 m^2/ 人计；会议室的人数宜按 1.2~1.8 m^2/ 人计。

4）当宴会厅、多功能厅设置能灵活分隔成相对独立的使用空间时，隔断及隔断上方封堵应满足隔声的要求，并应设置相应的音响、灯光设施。

5）宴会厅、多功能厅宜在同层设贮藏间。

（4）酒店空间应按等级、需求等配备商务、商业设施。三星级至五星级酒店宜设商务中心、商店或精品店；一星级和二星级酒店宜设零售柜台、自动售货机等设施，并应符合下列规定：

1）商务中心应标识明显，容易到达，并应提供打印、传真、上网等服务。

2）当酒店空间设置大型或中型商店时，商店部分宜独立设置，其货运流线应与酒店空间分开，并应另设卸货平台。

（5）健身、娱乐设施应根据酒店空间类型、等级和实际需要进行设置，四星级和五星级酒店宜设置健身、水疗、游泳池等设施，客人进入游泳池路径应按卫生防疫的要求布置，非比赛游泳池的水深不宜大于 1.5 m。

（6）酒店空间公共部分的卫生间应符合下列规定：

1）卫生间应设置前室，三星级及以上酒店的男、女卫生间应分设前室。

2）四星级和五星级酒店卫生间的厕位隔间门宜向内开启，厕位隔间宽度不宜小于 0.90 m，深度不宜小于 1.55 m。

3）公共部分卫生间洁具数量应符合表 5-18 的规定。

表 5-18　公共部分卫生间洁具数量

房间名称	男		女
	大便器	小便器	大便器
门厅（大堂）	每 150 人配 1 个，超过 300 人时，每增加 150 人增设 1 个	每 100 人配 1 个	每 75 人配 1 个，超过 300 人时，每增加 150 人增设 1 个
餐厅（含酒吧、咖啡厅）	每 100 人配 1 个，超过 400 人时，每增加 250 人增设 1 个	每 50 人配 1 个	每 50 人配 1 个，超过 400 人时，每增加 250 人增设 1 个
宴会厅、多功能厅、会议室	每 100 人配 1 个，超过 400 人时，每增加 200 人增设 1 个	每 40 人配 1 个	每 40 人配 1 个，超过 400 人时，每增加 100 人增设 1 个

注：1. 本表假定男、女各占 50%，当性别比例不同时应进行调整。
2. 门厅（大堂）和餐厅兼顾使用时，洁具数量可按餐厅配置，不必叠加。
3. 四、五星级酒店可按实际情况酌情增加。

酒店空间设计如图 5-49 ~ 图 5-58 所示。

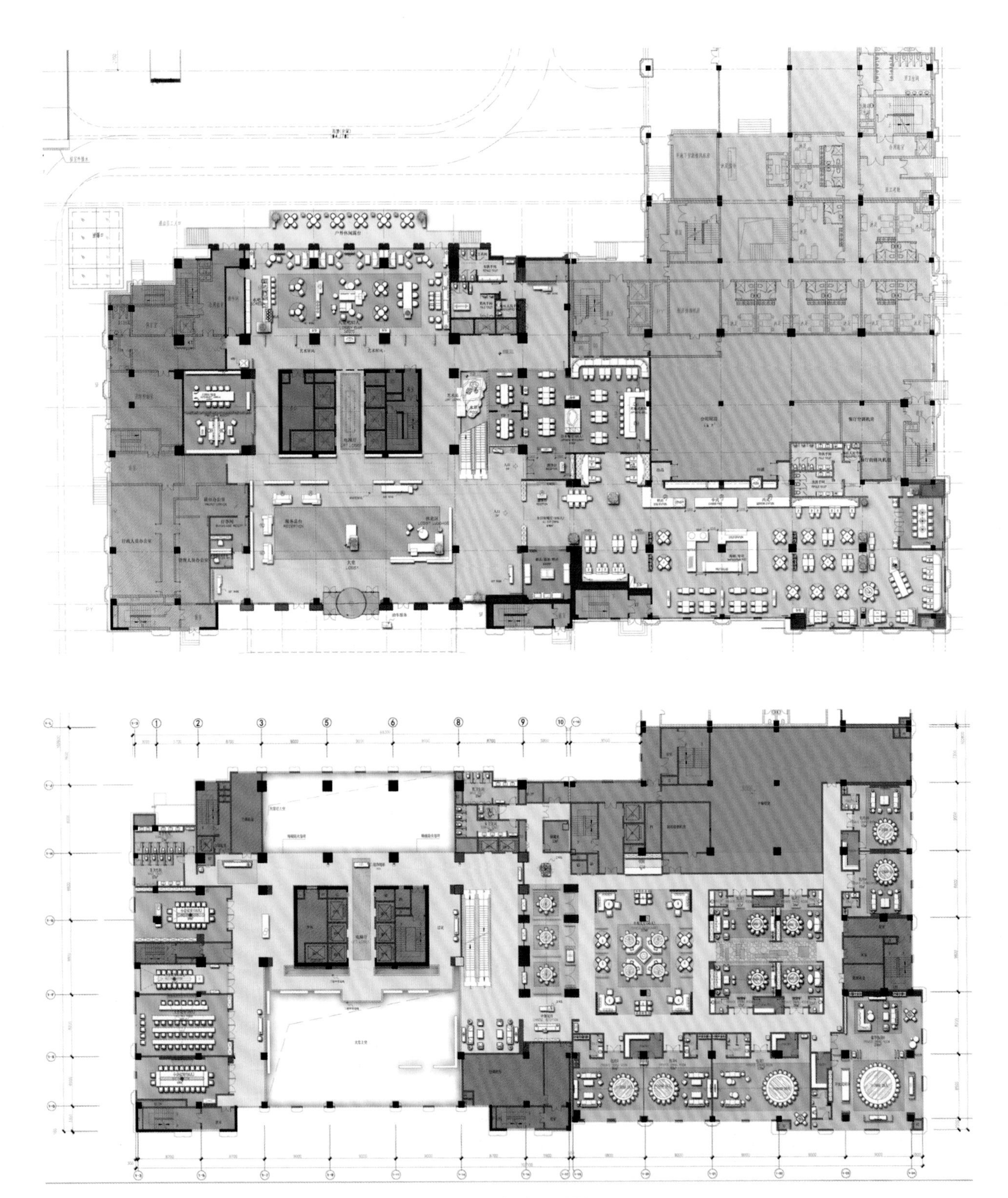

图 5-49 酒店平面图

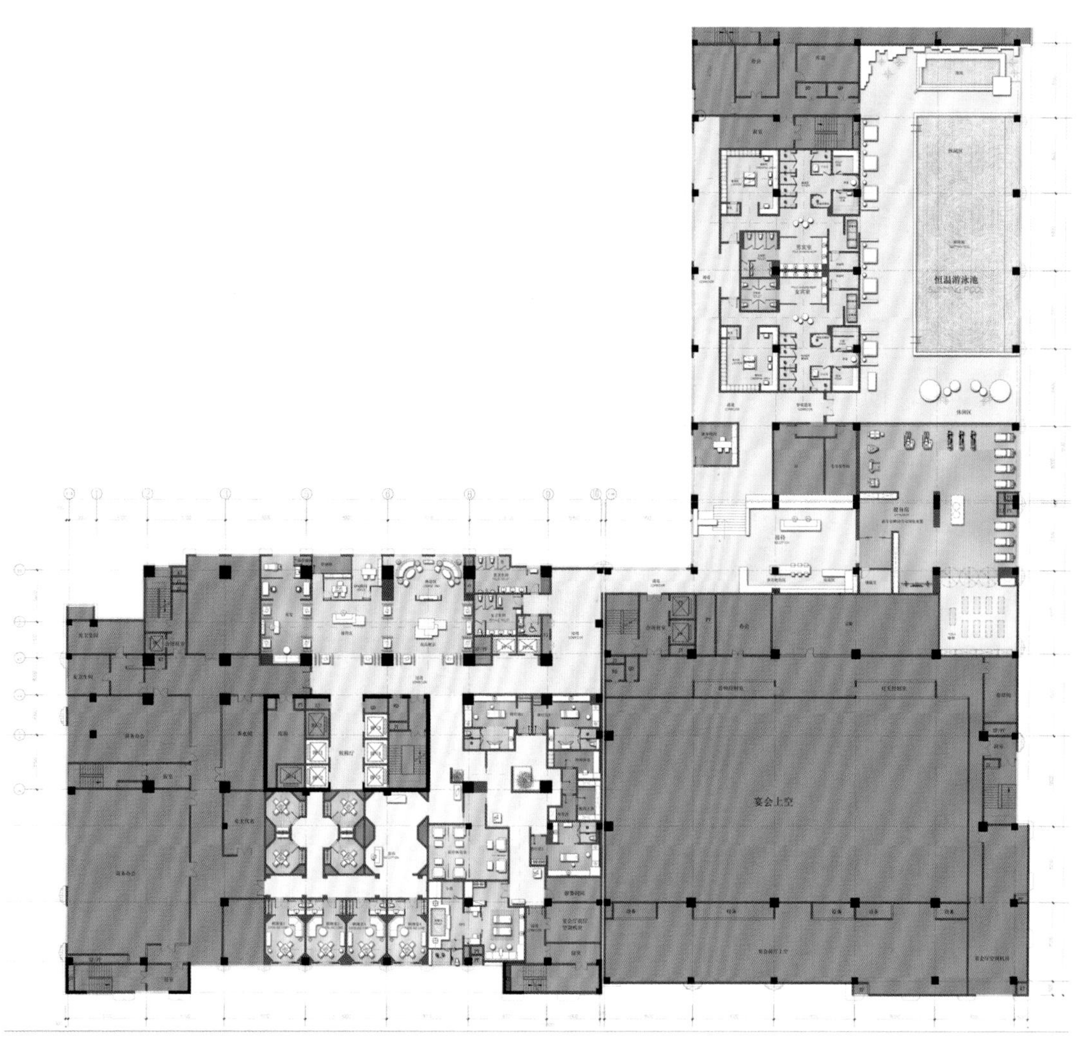

图 5-49　酒店平面图（续）

图 5-50　酒店大厅

图 5-51 酒店接待区

图 5-52 酒店休息区

图 5-53 电梯厅

图 5-54　酒店过道

图 5-55　酒店客房

图 5-56　酒店会客区

图 5-56 酒店多功能厅（续）

图 5-57 酒店餐厅

图 5-58 酒店休闲娱乐区

任务三　酒店空间设计项目实训

一、项目实训任务

<table>
<tr><th colspan="2">实训任务书一</th></tr>
<tr><td>酒店空间设计项目</td><td>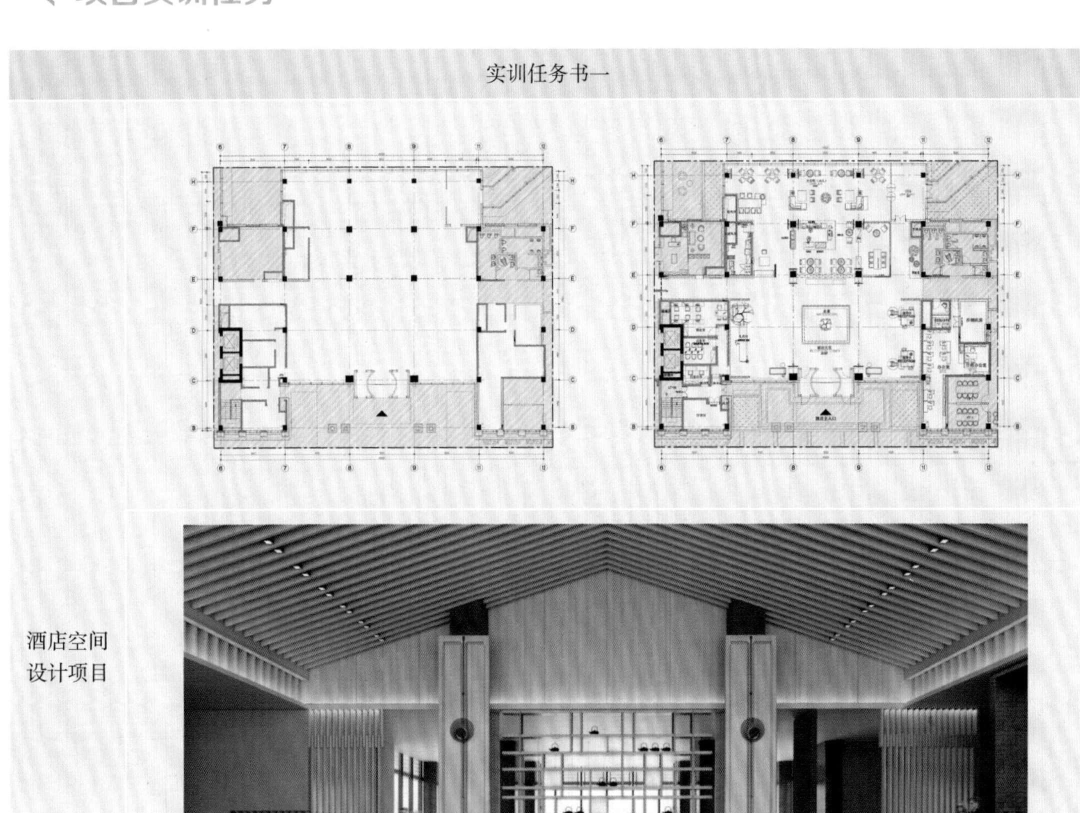
</td></tr>
<tr><td>项目概况</td><td>此项目为某酒店的一层，分酒店大厅和大堂吧两个区域，建筑层高为 4.9 m</td></tr>
<tr><td>设计内容及要求</td><td>根据平面方案及设计的效果图，绘制此空间的施工图。图纸满足相关规范要求，所有剖切节点构造要合理，表达清晰</td></tr>
<tr><td>提交成果</td><td>施工图：封面、目录、设计说明、材料表、原始平面图、平面布置图、顶面布置图、吊顶造型及灯具定位图、地面布置图、隔墙定位图、线路布置图、开关插座图、索引图、所有空间立面图、节点大样图等</td></tr>
<tr><td>建议学时</td><td>平面部分：4 学时；立面部分：8 学时；节点部分：2 学时</td></tr>
</table>

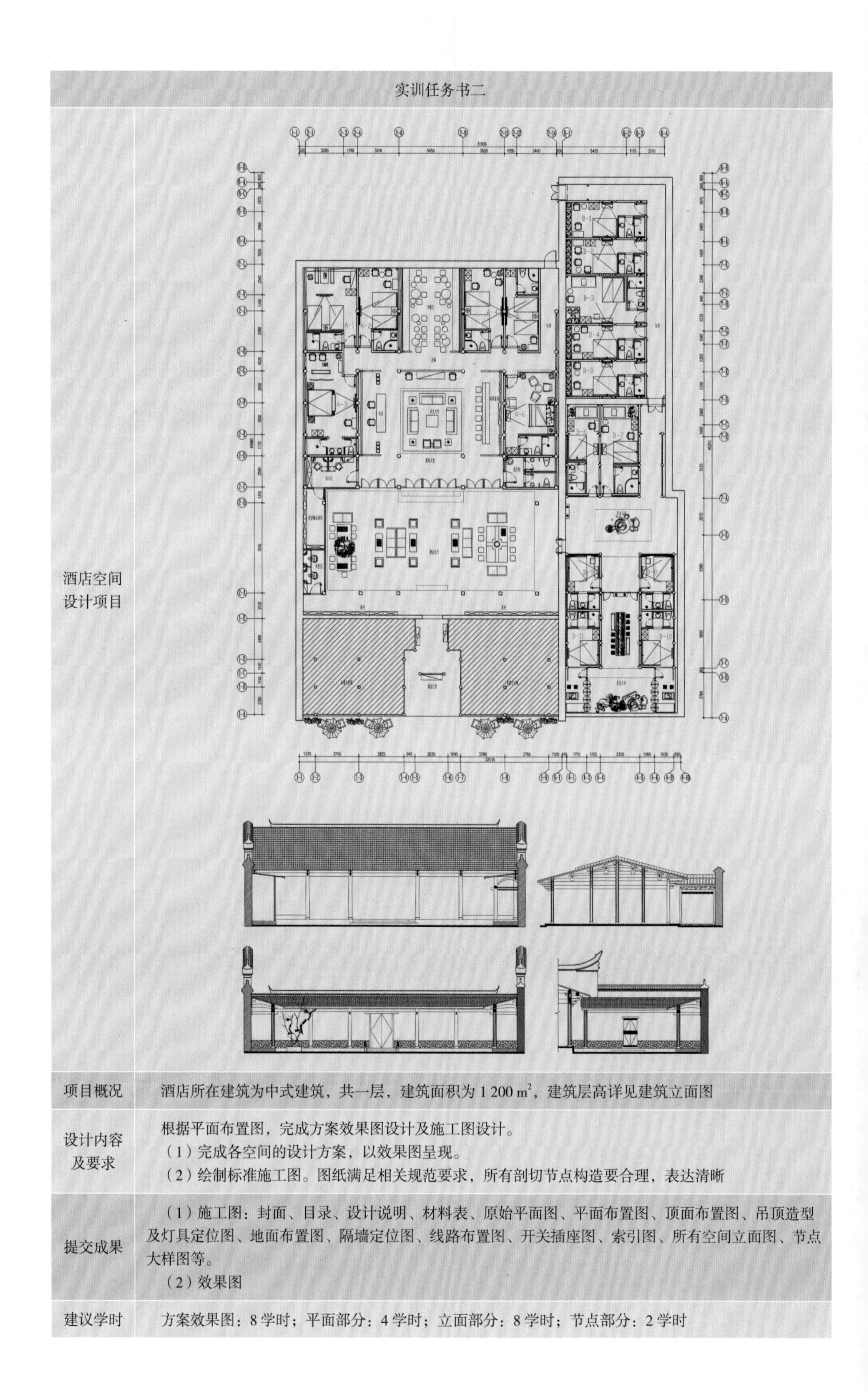

实训任务书二	
酒店空间设计项目	
项目概况	酒店所在建筑为中式建筑，共一层，建筑面积为 1 200 m²，建筑层高详见建筑立面图
设计内容及要求	根据平面布置图，完成方案效果图设计及施工图设计。 （1）完成各空间的设计方案，以效果图呈现。 （2）绘制标准施工图。图纸满足相关规范要求，所有剖切节点构造要合理，表达清晰
提交成果	（1）施工图：封面、目录、设计说明、材料表、原始平面图、平面布置图、顶面布置图、吊顶造型及灯具定位图、地面布置图、隔墙定位图、线路布置图、开关插座图、索引图、所有空间立面图、节点大样图等。 （2）效果图
建议学时	方案效果图：8 学时；平面部分：4 学时；立面部分：8 学时；节点部分：2 学时

二、项目实施计划

项目实施计划		
实施步骤	项目要求	活动安排
步骤一：职业沟通练习	在课堂上以小组为单位分配设计师和客户的角色，通过角色扮演，了解项目实际操作过程中设计师与客户之间如何沟通与协调	活动 1：角色选择 活动 2：角色扮演 活动 1：相互评价
步骤二：项目前期准备	确定酒店的类型、档次、风格等，选择同类型酒店空间进行实地调研	活动 1：分析实训项目情况 活动 2：选择同类型酒店空间实地调研
步骤三：酒店空间概念方案设计	以该酒店项目进行方案的深化、设计说明的撰写，绘制建筑原始结构图和平面方案	活动 1：撰写设计说明 活动 2：平面方案设计
步骤四：酒店空间建模，深化效果	通过 SU、3D 软件进行效果图深化	活动 1：绘制效果图 活动 2：方案汇报 活动 3：展示评价
步骤五：酒店空间施工图设计	完成标准施工图，包括封面、设计说明、材料表、平面图、立面图和节点图	活动 1：绘制施工图 活动 2：审核修改 活动 3：装订成册
步骤六：项目汇报	将酒店空间方案的设计过程制作成 PPT，在课堂上讲解，师生交流并总结	方案汇报

三、评价与总结

一级指标	二级指标	评价内容	分值	自评	教师评价
工作能力	协作能力	为小组查找资料并进行归类和检验，提出及解决问题	10		
	实践能力	熟练运用设计软件	20		
	表达能力	正确组织和传达工作任务内容	10		
	创新能力	设计独具创意的方案	20		
设计能力	方案设计	设计合理，材料运用得当，有很高的审美水平	10		
	绘制标准施工图	施工图规范标准、图面整洁美观	10		
	绘制高质量效果图	效果图高清、逼真、美观	10		
	制作方案汇报文本	PPT 排版美观、内容全面	10		
合计			100		
总结					

参考文献

[1] 李苏晋，曾令秋，庞鑫．公共空间设计 [M]. 成都：电子科技大学出版社，2020.
[2] 李茂虎．公共室内空间设计 [M]. 2 版 . 上海：上海交通大学出版社，2017.
[3] 莫钧．公共空间设计与实践 [M]. 武汉：武汉大学出版社，2016.
[4] 中华人民共和国住房和城乡建设部．GB 50016—2014 建筑设计防火规范（2018 年版）[S]. 北京：中国计划出版社，2018.
[5] 中华人民共和国住房和城乡建设部．JGJ/T 67—2019 办公建筑设计标准 [S]. 北京：中国建筑工业出版社，2019.
[6] 中华人民共和国住房和城乡建设部．JGJ 64—2017 饮食建筑设计标准 [S]. 北京：中国建筑工业出版社，2017.
[7] 中华人民共和国住房和城乡建设部．JGJ 48—2014 商店建筑设计规范 [S]. 北京：中国建筑工业出版社，2014.
[8] 中华人民共和国住房和城乡建设部．JGJ 62—2014 旅馆建筑设计规范 [S]. 北京：中国建筑工业出版社，2014.